中等职业学校以工作过程为导向课程改革实验项目
电子与信息技术专业核心课程系列教材

电子工程制图

主 编 曹艳芬 苗燕群

机 械 工 业 出 版 社

本书是北京市教育委员会实施的"北京市中等职业学校以工作过程为导向课程改革实验项目"的电子与信息技术专业系列教材之一,依据北京市教育委员会与北京教育科学研究院组织编写的"北京市中等职业学校以工作过程为导向课程改革实验项目"电子与信息技术专业教学指导方案、电子与信息技术专业核心课程标准,并参照相关国家职业标准和行业职业技能鉴定规范编写而成。

　　本书选取闪光器电路板设计、稳压电源电路板设计、单片机下载器电路板设计 3 个 Protel 软件应用项目;绘制耳机插头平面图,绘制、标注零件三视图,绘制机房平面图,绘制连接管件三维图 4 个 AutoCAD 软件应用项目,并以它们为载体,讲授了专业绘图的基本知识、电气标准及相关行业规范。学生通过学习使用 Protel、AutoCAD 软件的菜单、命令和工具等,可掌握软件的操作、专业图样绘制方法,并会识读简单机械零件图和装配图、电路原理图和系统图等。

　　本书可作为电类专业相关课程教材,也可作为相关岗位的职业培训用书。

图书在版编目（CIP）数据

电子工程制图/曹艳芬,苗燕群主编. —北京:机械工业出版社,2016.8
中等职业学校以工作过程为导向课程改革实验项目电子与信息技术专业核心课程系列教材
ISBN 978-7-111-54251-3

Ⅰ.①电…　Ⅱ.①曹…　②苗…　Ⅲ.①电子技术-工程制图-高等职业教育-教材　Ⅳ.①TN02

中国版本图书馆CIP数据核字（2016）第158136号

机械工业出版社（北京市百万庄大街 22 号　邮政编码 100037）
策划编辑：郑振刚　责任编辑：郑振刚　范成欣
责任校对：李新月　封面设计：马精明
责任印制：常天培
北京机工印刷厂印刷（三河市南杨庄国丰装订厂装订）
2016 年 9 月第 1 版第 1 次印刷
184mm×260mm · 14.5 印张 · 353 千字
0001—1500 册
标准书号：ISBN 978-7-111-54251-3
定价：38.00 元

北京市中等职业学校工作过程导向课程教材编写委员会

主　　任：吴晓川

副主任：柳燕君　吕良燕

委　　员：（按姓氏拼音字母顺序排序）

程野东　陈　昊　鄂　甜　韩立凡　贺士榕

侯　光　胡定军　晋秉筠　姜春梅　赖娜娜

李怡民　李玉崑　刘淑珍　马开颜　牛德孝

潘会云　庆　敏　钱卫东　苏永昌　孙雅筠

田雅莉　王春乐　王春燕　谢国斌　徐　刚

严宝山　杨　帆　杨文尧　杨宗义　禹治斌

电子与信息技术专业教材编写委员会

主　　任：牛德孝

副主任：金勇俐

委　　员：张春皓　李　平　曹艳芬　路　远　程　宏

马小锋

编写说明

为更好地满足首都经济社会发展对中等职业人才需求，增强职业教育对经济和社会发展的服务能力，北京市教育委员会在广泛调研的基础上，深入贯彻落实《国务院关于大力发展职业教育的决定》及《北京市人民政府关于大力发展职业教育的决定》文件精神，于2008年启动了"北京市中等职业学校以工作过程为导向课程改革实验项目"，旨在探索以工作过程为导向的课程开发模式，构建理论实践一体化、与职业资格标准相融合，具有首都特色、职教特点的中等职业教育课程体系和课程实施、评价及管理的有效途径和方法，不断提高技能型人才培养质量，为北京率先基本实现教育现代化提供优质服务。

历时五年，在北京市教育委员会的领导下，各专业课程改革团队学习、借鉴先进课程理念，校企合作共同建构了对接岗位需求和职业标准，以学生为主体、以综合职业能力培养为核心、理论实践一体化的课程体系，开发了汽车运用与维修等17个专业教学指导方案及其232门专业核心课程标准，并在32所中职学校、41个试点专业进行了改革实践，在课程设计、资源建设、课程实施、学业评价、教学管理等多方面取得了丰富成果。

为了进一步深化和推动课程改革，推广改革成果，北京市教育委员会委托北京教育科学研究院全面负责17个专业核心课程教材的编写及出版工作。北京教育科学研究院组建了教材编写委员会和专家指导组，在专家和出版社编辑的指导下有计划、按步骤、保质量完成教材编写工作。

本套教材在编写过程中，得到了北京市教育委员会领导的大力支持，得到了所有参与课程改革实验项目学校领导和教师的积极参与，得到了企业专家和课程专家的全力帮助，得到了出版社领导和编辑的大力配合，在此一并表示感谢。

希望本套教材能为各中等职业学校推进课程改革提供有益的服务与支撑，也恳请广大教师、专家批评指正，以利进一步完善。

北京教育科学研究院

2013 年 7 月

为贯彻落实《北京市人民政府关于大力发展职业教育的决定》(京政发 [2006] 11 号)精神,进一步推动和深化中等职业学校课程改革,提高职业学校的办学质量,北京市教育委员会于 2008 年启动了"北京市中等职业学校以工作过程为导向的课程改革实验项目"。"电子工程制图"是中等职业学校电子与信息技术专业核心课程。

随着计算机与电子技术的飞速发展,电子设计自动化(Electronic Design Automation, EDA)已经成为现代电子工业中不可缺少的一项技术。其中利用计算机软件进行原理图、印制电路板图和绘制工程图纸的设计已经成为中职电子类各专业应该掌握的基本技能之一。

Protel 软件是国内较早使用和较为流行的以印制电路板(Print Circuit Board, PCB)为设计目标的设计工具。Protel DXP 2004 因其简单、快捷、功能强大等优势成为应用较为广泛的版本。Protel DXP 2004 主要包括三大功能:原理图设计、印制电路板设计和模数混合电路仿真。本书学习单元一主要介绍 Protel DXP 2004 软件的原理图设计和印制电路板设计。

AutoCAD 作为工程制图的专用软件,近年来得到了广泛的应用,本书在学习单元二中结合实际工程图纸介绍了它的基本功能,通过绘制平面图、三视图和三维图,学习绘图命令的使用以及设计平面布置图的一般工作流程,学习用户界面的设置及常用绘图工具的使用方法。

本书以工作过程为导向进行编排,突出了教学以项目为载体的特色,将命令的使用分解到各个项目中,项目内容涵盖了软件中的常用命令。在编写思路上,根据由易到难、由浅入深、循序渐进的特点安排内容,遵循"项目载体,任务驱动"的编写思路,充分体现"做中学,学中做"的职业教育教学特色。每个项目都由几个典型任务组成,学生在完成各个任务的过程中边学边练,符合中职学生的学习特点。

参与本书编写工作的人员及分工:苗燕群(编写项目一)、刘作新(编写项目二)、孟维亮(编写项目三)、马跃(编写项目四、七)、王昕(编写项目五、六),曹艳芬、路远和张春皓负责统稿。

由于编者水平有限,书中难免存在不妥之处,恳请读者批评指正。

编　者

目录 CONTENTS

学习单元一
Protel DXP 2004 软件的设计应用

※ 学习导读 ※

　　本单元分为两部分，第一部分是 Protel DXP 2004 软件的设计应用。Protel DXP 2004 软件主要有两大功能：原理图设计和印制电路板图设计。该单元由以下 3 个项目组成：闪光器电路板设计、稳压电源电路板设计和单片机下载器电路板设计。通过完成这 3 个项目即可掌握该软件的基本操作。

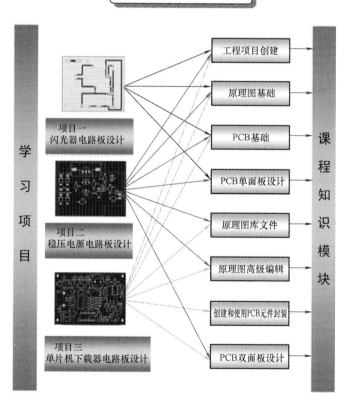

项目具体设计示意图

项目一
闪光器电路板设计

※ 项目概述 ※

某公司计划生产一款闪光器，工程师已设计出图样，现需要技术人员根据原理图设计出闪光器的电路板，要求如下。

1）绘制闪光器电路原理图，图样尺寸：A4 页面。

2）电路参数：要求按所附图样编辑好所有元件参数。

3）绘图元素：按要求绘制原理图。

4）PCB（印制电路板）要求：根据要求进行单面板设计。

5）所绘原理图能够通过软件的电气规则检查（ERC）。

6）工程项目文件完整。

※ 项目学习目标 ※

通过设计闪光器电路板实现以下目标：

1）掌握工程项目文件的建立方法。

2）掌握原理图文件的建立。

3）能够绘制简单原理图。

4）理解 PCB 及封装的基本概念。

5）能进行简单的单面板设计。

6）通过闪光器电路板制作，学会查阅资料、自主学习，养成认真、踏实的做事态度，培养团结协作精神。

※ 项目学习导图 ※

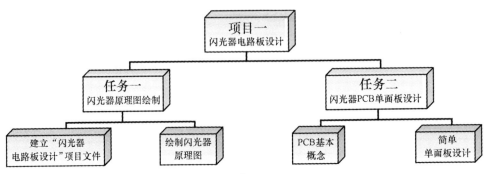

任务一　闪光器原理图绘制

任务描述

　　本任务要完成闪光器原理图的绘制，如图 1-1 所示。原理图绘制完成后，电气规则检查确认无误后创建闪光器原理图的网络表，为任务二闪光器 PCB 单面板设计打好基础。

　　注：本书部分电气元器件的图形符号与 Protel DXP 2004 元件库中一致，与国家标准并不完全一致。

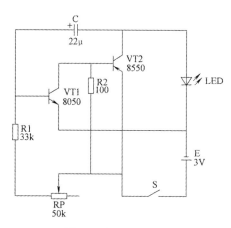

图 1-1　闪光器原理图

任务分析

　　绘制一张简单的原理图首先要了解软件的相关知识，知道软件的启动方法，明确软件的绘制环境。Protel DXP 2004 软件的功能强大，既可以绘制电路原理图，还可以设计印制电路板图，还能进行电路仿真测试。

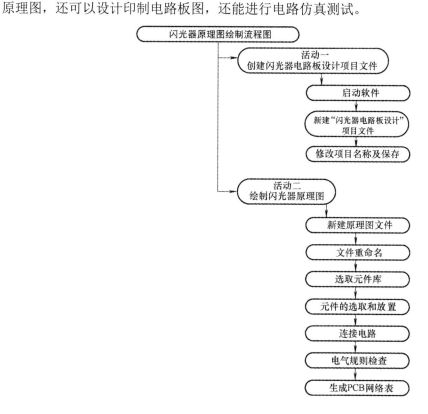

知识储备

Protel DXP 以工程项目为单位实现对项目文档的组织管理，通常一个项目包含多个文件，Protel DXP 2004 的文档组织结构如图 1-2 所示。

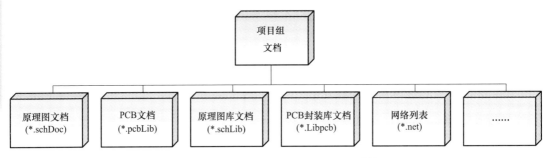

图 1-2　Protel DXP 2004 的文档组织结构

任务实施

活动一　创建"闪光器电路板设计"项目文件

步骤一：启动软件

1）打开程序。直接双击 Windows 桌面上的"Altium Designer 2004 SP3"来启动应用程序，如图 1-3 所示；或者在 Windows 桌面单击"开始"→"程序""Altium Designer 2004（SP3）"启动 Protel DXP 2004，如图 1-4 所示。

图 1-3　桌面图标

图 1-4　程序图标

2）打开文件。进入 Protel DXP 2004 所在文件夹，双击启动，如图 1-5 所示。

3）系统界面。系统主界面包括主菜单、常用工具栏、任务选择区、任务管理栏等部分，如图 1-6 所示。

4）主菜单。主菜单包括 DXP、文件、查看、收藏、项目管理、视窗和帮助等 7 个部分。DXP 菜单主要实现对系统的设置管理及仿真，"文件"菜单实现对文件的管理。

图 1-5　文件夹图标

5）常用工具栏。工具栏主要用于快速打开或管理文件，如图 1-7 所示。

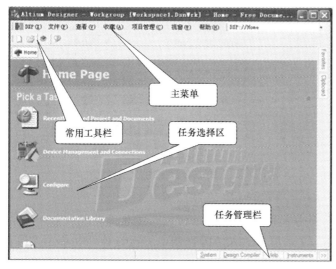

图 1-6　Protel DXP 2004 主界面

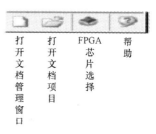

图 1-7　常用工具栏

6）任务选择区。任务选择区包括多个图标，单击对应的图标便可启动相应的功能，任务选择区的图标及功能见表 1-1。

表 1-1　任务选择区的图标及功能

图　标	功能	图　标	功能
Recently Opened Project and Documents	最近的项目和文件	Printed Circuit Board Design	新建电路设计项目
Device Management and Connections	器件管理	FPGA Design and Development	FPGA 项目创建
Configure DXP	配置 DXP 软件	Embedded Software Development	打开嵌入式软件
Reference Designs and Examples	打开参考例程	DXP Scripting	打开 DXP 脚本
Help and Information	打开帮助索引	DXP Library Management	器件库管理

步骤二：新建"闪光器电路板设计"项目文件

1）在设计窗口的 Pick a Task 选项区中单击 Printed Circuit Board Design，弹出如图 1-8 所示的界面，单击 New Blank PCB Project，可以在 Files 面板中的 New 选项区单击 Blank Project（PCB），创建新项目文件。如果这个面板未显示，则单击"文件"→"新建"命令，或单击设计管理面板底部的"Files"选项卡也可创建新项目文件。

2）Projects 面板出现新的项目文件 PCB-Project1.PrjPCB，与 No Documents Added 文件

夹一起列出，如图 1-9 所示。至此新项目文件创建完成。

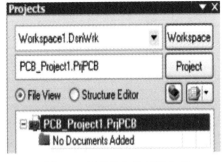

图 1-8 创建新的项目文件　　　　　　　图 1-9 新项目文件创建完成

步骤三：修改项目名称及保存

单击"文件"→"保存项目"命令，将新项目重命名（扩展名为 *.PrjPCB）并保存在硬盘上指定的位置，在"文件名"文本框中输入"闪光器电路板设计"并单击"保存"按钮。

活动二　绘制闪光器原理图

步骤一：新建原理图文件

单击"文件"→"新建"→"原理图"命令，一个名为 Sheet1.SchDoc 的原理图图纸出现在设计窗口中，继续选择"新建原理图"又会出现一个 Sheet2.SchDoc 原理图文件，并且原理图文件会自动添加（连接）到项目中，如图 1-10 所示。

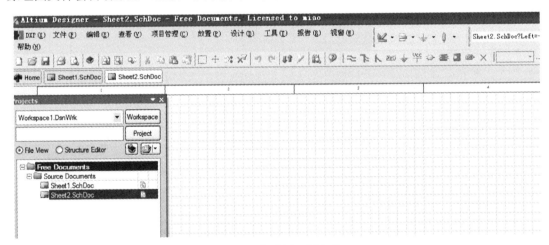

图 1-10 新建原理图文件

　　如果要把一个原理图文件添加到现有的项目文件中，可在 Projects 项目管理栏中选中该项目，单击鼠标右键，在弹出的对话框中选择"添加已有文件到项目"，找到现有文件所在位置，选中该文件，单击"打开"按钮即可。

　　如果想从项目中去除文件，则用鼠标右键单击欲删除的文件，在弹出的快捷菜单中选择"从项目中删除"选项，并在弹出的确认删除对话框中单击"Yes"按扭即可。

步骤二：文件重命名

单击"文件"→"另存为"命令，将新原理图文件重命名（扩展名为 *.SchDoc）并保存在硬盘中的指定位置，在"文件名"文本框中输入"闪光器原理图"，并单击"保存"按钮。例如，可以重新放置浮动的工具栏。单击并拖动工具栏的标题区，然后移动鼠标改变工具栏的位置，可以将其移动到主窗口区的左边、右边、上边或下边。

步骤三：选取元件库

1）打开"元件库"对话框，如图 1-11 所示。

2）选择所需元件（本书中所指元件泛指元器件）。电气元件一般都在 Miscellaneous Devices.IntLib（电气元件杂项库）中，包括常用的电路分立元件，如电阻 RES*、电感 Induct、电容 Cap* 等。常用的接插件一般都在 Miscellaneous Connectors.IntLib（接插件杂项库）中，包括常用的插接器等，如 Header*。如果该库不在项目中，则单击 Install Library 按钮进行添加，如图 1-12 所示。

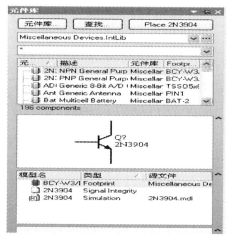

图 1-11　"元件库"对话框

图 1-12　添加元件库

闪光器电路原理图中用到的元器件所在元件库及元器件名称见表 1-2。

表 1-2　闪光器电路原理图中用到的元器件所在元件库及元器件名称

序号	符号	所在元件库	元件名称	元件编号	中文名称
1	Q? 2N3904	Miscellaneous Devices.IntLib	2N3904	VT1	NPN 晶体管
2	Q? 2N3906	Miscellaneous Devices.IntLib	2N3906	VT2	PNP 晶体管

（续）

序号	符号	所在元件库	元件名称	元件编号	中文名称
3	R1 Res2	Miscellaneous Devices.IntLib	Res2	R1、R2	电阻
4	DS? LED1	Miscellaneous Devices.IntLib	LED1	LED	发光二极管
5	C? Cap pol2	Miscellaneous Devices.IntLib	Cap Pol2	C	电容
6	BT? Battery	Miscellaneous Devices.IntLib	Battery	E	电源
7	S? SW-SPST	Miscellaneous Devices.IntLib	SW-SPST	S	开关
8	R? RPot	Miscellaneous Devices.IntLib	RPot	RP	电位器

步骤四：元件的选取和放置

1）在原理图中首先要放置的元件是 T1 和 T2 两个晶体管。在列表中选择 NPN 和 PNP，然后单击"Place 2N3904"按钮，如图 1-13 所示。另外，还可以双击元件名，光标将变成十字形状，并且在光标上"悬浮"着一个晶体管的轮廓（现在处于元件放置状态）。如果移动光标，晶体管轮廓也会随之移动。如果已经知道元件所在库文件，则可直接选取对应元件库，输入元件名进行选取。

2）在原理图上放置元件之后，首先要编辑其属性。当晶体管悬浮在光标上时，单击鼠标右键，在弹出的快捷菜单中单击"属性"命令（见图 1-14），弹出"属性"对话框设置元件的属性，在 Designator 文本框中输入 T1 作为元件序号。

3）检查元件的 PCB 封装。Miscellaneous Devices.IntLib 库已经包括了封装。晶体管的封装在模型列表

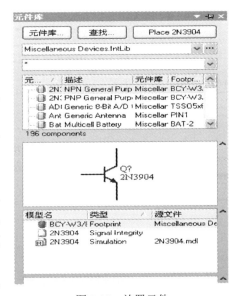

图 1-13　放置元件

中已自动含有，模型名为 BCY–W3/E4、类型为 Footprint，其余各项为默认值。

4）按照同样的操作完成电阻（Res2）、电容（Cap Pol1）等元件的放置。

5）电阻 R2 还可以通过元件的复制、粘贴操作完成放置。在 Protel DXP 2004 软件中，也有普通文档中所使用的复制、粘贴、删除等命令。执行复制命令时先选中所需元件，然后单击"复制"命令，用鼠标单击选中部分，此时鼠标指针成菱形，之后再单击"粘贴"命令即可完成操作。

6）多余元件的删除、清除操作。删除操作的要点是先选中所需对象，然后单击"编辑"→"删除"命令。清除操作是先单击"编辑"→"清除"命令，然后再单击所需清除的对象。

7）元件放置完成如图 1-15 所示。

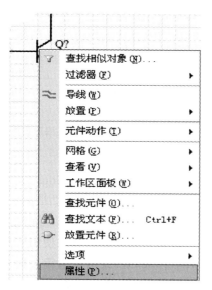

图 1-14　编辑元件属性

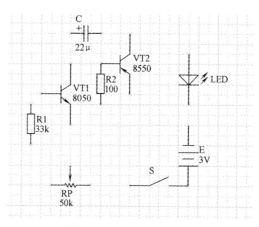

图 1-15　元件放置完成图

步骤五：连接电路

1）首先将电阻 R1 与晶体管 Q1 的基极连接起来。单击"放置"→"导线"命令，在连线工具栏中单击 ≈ 按钮进入连线模式，光标将变为十字形状，如图 1-16 所示。

2）将光标放在需要建立连接的元件管脚上，放对位置时，一个红色的连接标记（大的星形标记）会出现在光标处。这表示光标处在元件的一个电气连接点上，即为导线的起点，如图 1-17 所示。

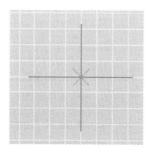

图 1-16　放置导线时光标的状态

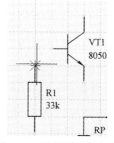

图 1-17　放置导线的起点

3）单击鼠标或按〈Enter〉键确定导线第一个端点。

4）移动光标拖动导线线段，如图 1-18 所示。

5）将光标移动到下一个转折点或终点，单击鼠标或按〈Enter〉键确定导线的第二个端点，如图 1-19 所示。同时，该点又成为下一个导线的起点，继续移动光标可放置第二条导线。

6）单击鼠标右键，结束导线的放置。

7）完成导线连接的闪光器原理图如图 1-20 所示。

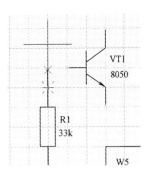

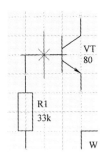

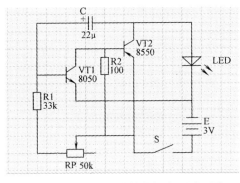

图 1-18　放置导线的转折点　　图 1-19　放置导线的终点　　图 1-20　完成导线连接的闪光器原理图

步骤六：电气规则检查

1）设置电气连接检查规则。单击"项目"→"项目管理"命令，弹出 Options for PCB Project 闪光器电路板制作 PRJPCB 对话框，所有与项目有关的选项均通过该对话框来设置。在 Error Reporting 选项卡中把 Nets with no driving source 模式改为"无报告"，如图 1-21 所示。在 Protel DXP 中原理图不仅仅是绘图，还包含关于电路的连接信息，可以使用连接检查器来验证设计。当编辑项目时，DXP 将根据在 Error Reporting（设置错误报告类型）和 Connection Matrix（设置电气连接矩阵）选项卡中的设置来检查错误，如图 1-22 所示。如果有错误发生，则会显示在 Messages（信息）面板。一般情况下使用系统的默认设置即可。

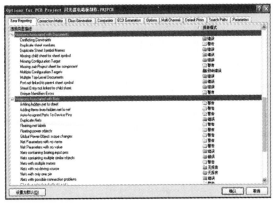

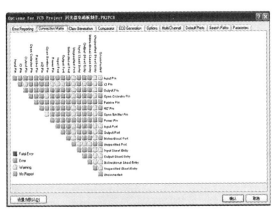

图 1-21　设置工程选项对话框　　　　　　图 1-22　电气连接矩阵对话框

2）生成检查结果。当在项目工程选项对话框中对 Error Reporting 和 Connection Matrix 选项卡中的规则进行设置之后，就可以对原理图进行检查了，检查是通过编译项目实现的。

打开需要编译的项目，单击"项目"→ Compile PCB Project 命令，当项目被编译时，任何已经启动的错误均将显示在设计窗口下部的 Messages 面板中。如果电路绘制正确，Messages 面板应该是空白的。如果报告给出错误，则检查电路使所有的导线和连接是否正确并进行修改。

步骤七：生成 PCB 网络表

在原理图生成的各种报表中，以网络表（Netlist）最为重要。绘制原理图最主要的目的就是将原理图转化为一个网络表，以供后续工作中使用。网络表的主要内容为原理图中各个元件的数据（元件标号、元件信息、封装信息）以及元件之间网络连接的数据。单击"设计"→"设计项目的网络表"→"Protel"命令，生成如图 1-23 所示的网络表文件。

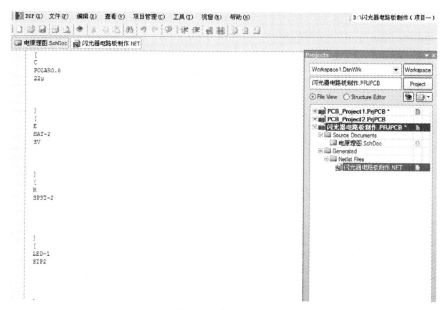

图 1-23　生成网络表

任务拓展

绘制如图 1-24 ～图 1-26 所示的 3 个原理图，项目名称为"任务拓展"，原理图名称为原理图 1、原理图 2 和原理图 3。

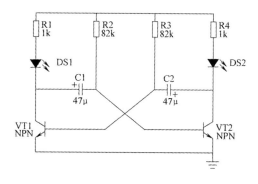

图 1-24　原理图 1

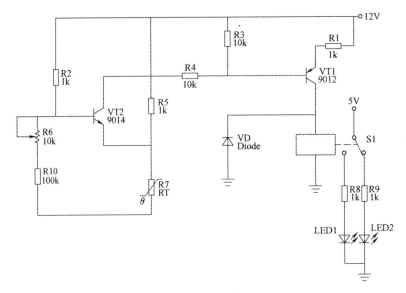

图 1-25　原理图 2

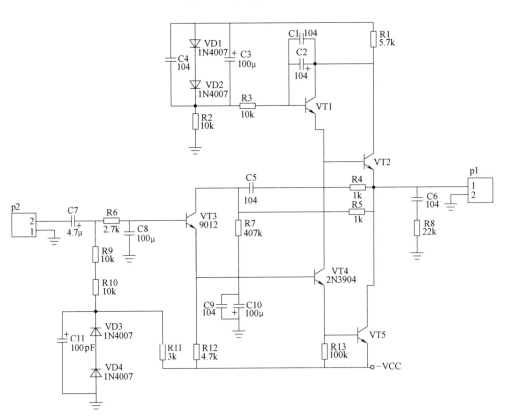

图 1-26　原理图 3

任务评价

闪光器原理图绘制评价表，见表 1-3。

表 1-3　闪光器原理图绘制评价表

序号	评价要素	评价内容	评价标准
1	项目建立	1. 项目文件名 2. 保存位置	1. 项目文件名：闪光器电路板设计 2. 保存位置：E 盘
2	原理图文件建立	1. 原理图文件 2. 保存位置	1. 原理图文件名：闪光器原理图 2. 保存位置："闪光器电路板设计"项目
3	绘制原理图	1. 元件选取 2. 元件放置 3. 导线连接	1. 元件选取正确 2. 元件放置位置准确 3. 导线连接正确
4	ERC 检查	1. ERC 设置 2. Message 面板	1. 按要求正确进行 ERC 相关设置 2. Message 面板没有任务错误信息及警告信息
5	网络表	1. 设置 2. 文件	1. 按要求正确进行网络表相关设置 2. 网络表文件创建完整
6	任务拓展	1. 项目名称及路径 2. ERC 检查和网络表	1. 项目命名和保存路径正确 2. ERC 检查和网络表无误
7	团队合作	小组合作精神	1. 小组成员间协作配合好 2. 小组完成任务效率高
8	职业素养	1. 仪器操作 2. 设备、器材码放	1. 计算机使用操作规范、不使用与课程无关软件 2. 仪器设备及实验室器材码放整齐

任务二　闪光器 PCB 单面板设计

任务描述

任务一完成了闪光器原理图的绘制，并创建了网络表。本任务要利用任务一的成果完成闪光器单面板的设计工作。

任务分析

要完成闪光器 PCB 单面板的设计，需要学习 PCB 的相关知识，理解封装的概念并能正确理解原理图和 PCB 板之间的关系。本任务需要运用上一个任务所生成的网络表，才能顺利完成 PCB 板的制作。

知识储备

一、PCB 的基本概念

1. 印制电路板

印制电路板（Printed Circuit Board，PCB）是通过一定的制作工艺，在绝缘度非常高的基材上覆盖一层导电性能良好的铜箔构成覆铜板，按照 PCB 图的要求，在覆铜板上蚀刻出相关的图形，再经钻孔等后处理制成，以供元器件装配所用。

2. 印制电路板的分类

印制电路板根据结构不同可分为单面板、双面板和多层板。

1）单面板是只在一面覆铜的电路板，且只可在覆铜的一面布线。单面板制作简单，但由于只能在一面布线且不允许交叉，布线难度较大，适用于比较简单的电路。

2）双面板是两面覆铜，两面均可布线。双面板的制作成本低于多层板，由于可以两面布线，布线难度降低，因此是最常用的结构。

3）多层板一般指 3 层以上的电路板。多层板不仅两面覆铜，在电路板内部也包含铜箔，各铜箔之间通过绝缘材料隔离。多层板布线容易，而且可以把中间层专门设置为电源层和接地层，提高了抗干扰能力，减小了 PCB 的面积，但制作成本较高，多用于电路布线密集的情况。

3. 印制电路板中的各种对象

印制电路板中的各种对象如图 1-27 所示。

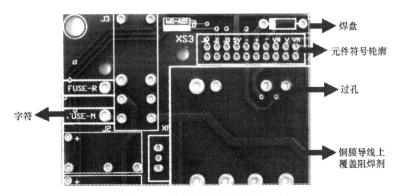

图 1-27　印制电路板中的各种对象

焊盘：用于放置焊锡、连接导线和元件引脚，由铜箔构成，具有导电特性。

元件符号轮廓：表示元件实际所占空间大小，不具有导电特性。

过孔：用于连接印制电路板不同板层的铜膜导线，由铜箔构成，具有导电特性。

铜膜导线：用于各导电对象之间的连接，由铜箔构成，具有导电特性。

字符：可以是元件的标号、标注或其他需要标注的内容，不具有导电特性。

阻焊剂：为防止焊接时焊锡溢出造成短路，需在铜膜导线上涂覆一层阻焊剂。阻焊剂只留出焊点的位置，而将铜膜导线覆盖住，不具有导电特性。

二、印制电路板图在 Protel 软件中的表示

1. 工作层

工作层是 PCB 设计中一个非常重要的概念。在 Protel 软件中，主要以工作层表示印制电路板中的不同对象。

1）信号层（Signal Layer）：用于表示铜膜导线所在的层面，包括顶层（Top Layer）、底层（Bottom Layer）和 30 个中间层 MidLayer。

2）内部电源 / 接地层（Internal plane Layer）：用于在多层板中布置电源线和接地线，共有 16 个内部电源 / 接地层。

3）机械层（Mechanical Layer）：用于设置电路板的外形尺寸、数据标记、对齐标记、

装配说明以及其他机械信息（这些信息因设计公司或 PCB 制造厂家的要求而有所不同），共有 16 个机械层。

4）阻焊层（Solder mask Layer）：用于表示阻焊剂的涂覆位置，包括顶层阻焊层（Top Paste）和底层阻焊层（Bottom Paste）。

5）丝印层（Silkscreen Layer）：用于放置元件符号轮廓、元件标注、标号以及各种字符等印制信息，包括顶层丝印层（Top Overlay）和底层丝印层（Bottom Overlay）。

6）多层（Multi Layer）：用于显示焊盘和过孔。

7）禁止布线层（Keep out Layer）：用于定义在电路板上能够有效放置元件和布线的区域，主要用于 PCB 设计中的自动布局和自动布线。

各种工作层通过 PCB 编辑器下方的工作层选项卡显示，选项卡在最上面的表示当前层。

顶层（Top Layer）的布线如图 1-28 所示。

底层（Bottom Layer）的布线如图 1-29 所示。

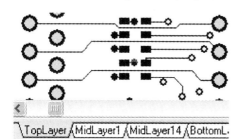
图 1-28　顶层（Top Layer）的布线

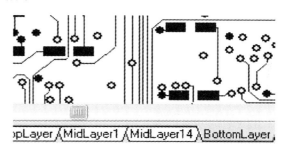
图 1-29　底层（Bottom Layer）的布线

顶层丝印层（Top Overlay）如图 1-30 所示。

底层丝印层（Bottom Overlay）如图 1-31 所示。图中的字符是反的，这是因为 PCB 编辑器中的图形都是从顶层方向看去的，底层的所有图形包括字符都是从顶层透视的结果。

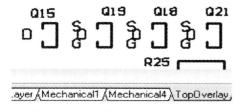
图 1-30　顶层丝印层（Top Overlay）

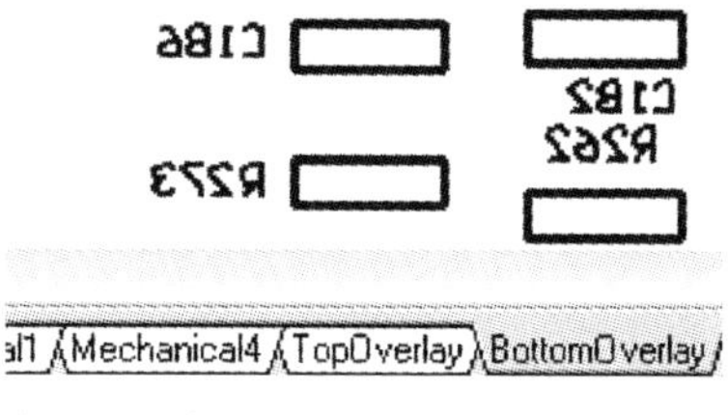

图 1-31　底层丝印层（Bottom Overlay）

多层显示的焊盘与过孔，如图 1-32 所示。

2. 铜膜导线、焊盘、过孔、字符等的表示

1）铜膜导线（Track）。铜膜导线必须绘制在信号层。

2）焊盘（Pad）。焊盘分为两类：针脚式和表面粘贴式，分别对应针脚式引脚的元件和表面粘贴式元件，如图 1-33 所示。

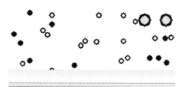
图 1-32　多层显示的焊盘与过孔

3）过孔（Via）。过孔也称为导孔。过孔分为以下 3 种：从顶层到底层的穿透式过孔见图 1-34），从顶层到内层或从内层到底层的盲过孔（见图 1-35），层间的隐藏过孔。

一般过孔的孔壁需要镀铜称为电镀，用于连接不同板层的导线。

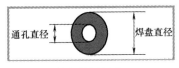

针脚式焊盘尺寸　　　圆形焊盘　矩形焊盘　八有形焊盘　　　表面粘贴式焊盘

图1-33　针脚式和表面粘贴式焊盘

图1-34　穿透式过孔　　　　图1-35　盲过孔

4）字符（String）。字符必须写在顶层丝印层和底层丝印层，不可写在信号层。

5）安全间距（Clearance）。进行印制电路板图设计时，为了避免导线、过孔、焊盘及元件间的相互干扰，必须在它们之间留出一定间隙，即安全间距，如图1-36所示。

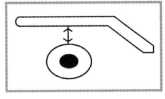

图1-36　安全间距

三、认识元件封装

1. 元件封装的概念

元件封装是指实际的电子元器件焊接到电路板时所指示的轮廓和焊点的位置，它保证了元件引脚与电路板上的焊盘一致。

元件封装实际上只是空间的概念，不同元件可以有相同的封装，同一元件也可以有不同的封装，所以在进行PCB设计时，其元件封装必须以实际元件为准。

2. 元件封装分类

根据焊接方式不同，元件封装可分为两大类：针脚式和表面粘贴式。

1）针脚式元件封装：焊接时需先将元件的引脚插入焊盘通孔中再焊锡，如图1-37所示。

图1-37　针脚式元件

2）表面粘贴式元件封装：该类封装的焊盘只限于表层，即顶层和底层，中间无孔，如图1-38所示。

图1-38　表面粘贴式元件

3. 元件封装编号

元件封装的编号规则一般为元件类型＋焊盘距离（或焊盘数）＋元件外形尺寸。例如，AXIAL-0.4表示该元件封装为轴状，两个管脚焊盘的间距为0.4in（1in=25.4mm）；RB7.6-15表示极性电容类元件封装，两个管脚焊盘的间距为7.6mm，元件直径为15mm；DIP-14表示双列直插式元件封装，两列共14个焊盘引脚。

4. 常用元件封装

（1）电容类封装

电容可分为无极性电容和有极性电容。无极性电容封装是 RAD-××，×× 表示两个焊盘间的距离；有极性电容封装是 RB7.6-15，如图 1-39 所示。

（2）电阻类封装

电阻类常用的封装为 AXIAL-0.3~AXIAL-1.0 系列。图 1-40 所示是电阻封装 AXIAL-0.4。

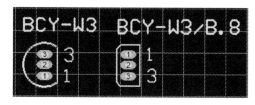

图 1-39　电容封装

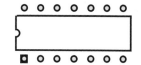

图 1-40　电阻封装

（3）晶体管类封装

小功率晶体管封装形式较多，仅举两种形式，如图 1-41 所示。

（4）二极管类封装

图 1-42 所示为二极管封装 DIODE-0.4，其中带有标志的一端为二极管负极。

图 1-41　晶体管封装

图 1-42　二极管封装 DIODE-0.4

（5）集成电路封装

集成电路封装有针脚式元件的双列直插式（DIP-×× 系列，见图 1-43）和单列直插式（SIL-×× 系列）封装，以及表面粘贴式元件封装 SO-G×× 系列。

图 1-43　双列直插式封装 DIP-14

任务实施

闪光器印制电路板（PCB）制作流程：

步骤一：创建"闪光器 PCB"文件

单击"文件"→"新建"→ PCB 命令，即可启动 PCB 编辑器，同时在 PCB 编辑区出现一个带有栅格的空白图纸。单击"文件"→"另存为"命令，将新创建的 PCB 文件重命名为"闪光器电路板设计 .PCBDoc"，如图 1-44 所示。

PCB 编辑环境主界面包含菜单栏、主工具栏、布线工具栏、工作层切换工具栏、项目管理区、编辑工作区等六个部分，如图 1-45 所示。

图 1-44　创建闪光器 PCB 文件

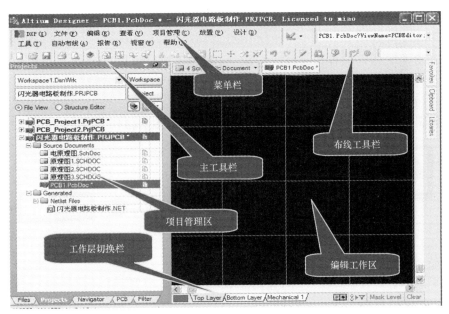

图 1-45　PCB 编辑环境主界面

1）菜单栏：PCB 绘图编辑环境下菜单栏的内容和原理图编辑环境的菜单栏类似，这里简要介绍以下几个菜单的大致功能。

①"设计"菜单：主要包括一些布局和布线的预处理设置和操作，如加载封装库、设计规则设定、网络表文件的引入和预定义分组等操作。

②"工具"菜单：主要包括设计 PCB 图以后的处理操作，如设计规则检查、取消自动布线、泪滴化、测试点设置和自动布局等操作。

③"自动布线"菜单，主要包括自动布线设置和各种自动布线操作。

2）主工具栏：主要为一些常见的菜单操作提供快捷按钮，如缩放、选取对象等按钮。

3）布线工具栏：主要提供各种图形绘制以及布线命令。

4）编辑工作区：是用来绘制 PCB 图的工作区域。启动后，编辑工作区的显示栅格间为 100mil（1mil=25.4×10^{-6}m）。编辑区下面的选项栏显示了当前已经打开的工作层，其中变灰的选项是当前层。几乎所有的放置操作都是相对于当前层而言，因此在绘图过程中一定要注意当前工作层是哪一层。

5）工作层切换工具栏：根据需要在各层之间进行切换。

6）项目管理区：包含多个面板，其中有 3 个在绘制 PCB 图时很有用，它们分别是 Projects、Navigator 和元件库。Projects 用于文件的管理，类似于资源管理器。Navigator 用于浏览当前 PCB 图的一些当前信息。元件库用于查找和放置元件封装。

步骤二：规划电路板边界

（1）PCB 层的说明及颜色设置

在进行 PCB 设计时，单击"设计"→"PCB 板层次颜色"命令，可以设置各工作层的可见性、颜色等。在 PBC 编辑器中有以下层：信号层、内部电源 / 接地层、机械层、屏蔽层、其他层、系统颜色，如图 1-46 所示。

1）信号层：包括 Top Layer、Bottom Layer，这几层是用来画导线或覆铜的。

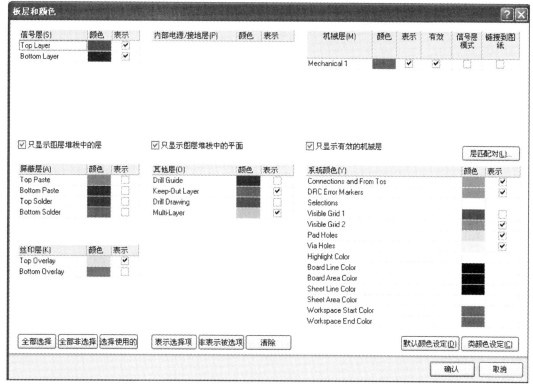

图 1-46 "板层和颜色"对话框

2）内部电源 / 接地层：Protel DXP 提供了 16 个内部电源 / 接地层（简称内电层），这几个工作层面专用于布置电源线和地线。

3）机械层：用于放置有关制板和装配方法的指示性信息，如电路板物理尺寸线、尺寸标记、数据资料、过孔信息、装配说明等信息。

4）屏蔽层：包含有两个阻焊层，即顶层阻焊层和底层阻焊层。

5）其他层：在 Protel DXP 中，除了上述工作层面外，还有以下工作层。

① Keep Out Layer（禁止布线层）：用于定义元件放置的区域。通常，在禁止布线层上放置线段（Track）或弧线（Arc）来构成一个闭合区域，在这个闭合区域内才允许进行元件的自动布局和自动布线。注意，如果要对部分电路或全部电路进行自动布局或自动布线，则需要在禁止布线层上至少定义一个禁止布线区域。

② Multi Layer（多层）：该层代表所有的信号层，在它上面放置的元件会自动放到所有的信号层上，所以可以通过该层将焊盘或穿透式过孔快速地放置到所有的信号层上。

③ Drill Guide（钻孔说明）/Drill Drawing（钻孔视图）：Protel DXP 提供了两个钻孔位置层，分别是 Drill Guide（钻孔说明）和［Drill Drawing］（钻孔视图），这两层主要用于绘制钻孔图和钻孔的位置。

6）丝印层：包含 Top Overlay、Bottom Overlay。丝印层主要用于绘制元件的外形轮廓、放置元件的编号或其他文本信息。在印制电路板上放置 PCB 库元件时，该元件的编号和轮廓线将自动地放置在丝印层上。

"系统"选项区有以下选项。

a）DRC Errors Makers（DRC 错误层）：用于显示违反设计规则检查的信息。该层处于关闭状态时，DRC 错误在工作区图面上不会显示出来，但在线式的设计规则检查功能仍然会起作用。

b）Connections and From Tos（连接层）：该层用于显示元件、焊盘和过孔等对象之间的电气连线，如半拉线（Broken Net Marker）或预拉线（Ratsnest），导线（Track）不包含在其中。当该层处于关闭状态时，这些连线不会显示出来，但是程序仍然会分析其内部的连接关系。

c）Pad Holes（焊盘内孔层）：该层打开时，图面上将显示出焊盘的内孔。

d）Via Holes（过孔内孔层）：该层打开时，图面上将显示出过孔的内孔。

（2）电路板边界设置

用鼠标单击编辑区下方的 Keepout Layer 选项卡，即可将当前的工作层设置为禁止布线层。该层用于设置电路板的边界，以将元件和布线限制在这个范围之内。这个操作是必须的，否则系统将不能进行自动布线。启动放置线 Place line 命令，绘制一个封闭的区域，规划出 PCB 的尺寸 1500mil×1500mil，如图 1-47 所示。

图 1-47　规划后的电路板尺寸图

步骤三：原理图信息导入

1）更新 PCB 将项目中的原理图信息发送到目标 PCB，在原理图编辑器中单击"设计"→ Import Changes FromzdqPCB_Project2 命令，弹出 Engineering Change Order 对话框，如图 1-48 所示。

2）单击"Report Changes"按钮，执行变化。如果有错，修改原理图后重新导入。

3）完成导入。单击 Close 按钮，目标 PCB 打开，元件也在板子上，以准备放置，如图 1-49 所示。

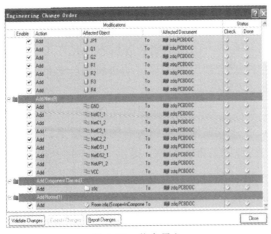

图 1-48　信息导入

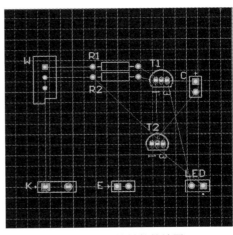

图 1-49　元件封装的放置

步骤四：元件封装的放置

1）单击"工具"→"放置元件"→"自动布局"命令即可。为保证电路的可读性，一般不选用自动布局。

2）手动放置。将光标放在元件轮廓的中部上方，按住鼠标左键不放，光标会变成一个十字形状并跳到元件的参考点，移动鼠标拖动元件。拖动连接时（确认整个元件仍然在板子边界以内），元件定位好后松开鼠标将其放下。当拖动元件时，如有必要，使用空格键来旋转放置元件。元件文字可以用同样的方式来重新定位，按住鼠标左键不放拖动文字，按空格键旋转。放置后的器件如图 1-49 所示。

步骤五：布线

1）PCB 设计规则的设置。PCB 为当前文档时，单击"设计"→"规则"命令，弹出"PCB 规则和约束编辑器"对话框，如图 1-50 所示。在该对话框中可以设置电气检查、布线层、布线宽度等规则。每一类规则都显示在对话框的设计规则面板中（左侧）。双击 Routing 展开后可以看见有关布线的规则。双击 Width 显示宽度规则为有效，可以修改布线的宽度。

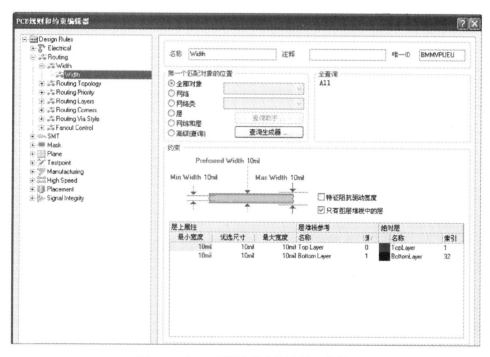

图 1-50 "PCB 规则和约束编辑器"对话框

设计规则包括 Electrical（电气规则）、Routing（布线规则）、SMT（表面贴装元件规则）等，大多的规则选择默认即可。这里仅对常用的规则项进行说明。

① Electrical（电气规则）：设置电路板布线时必须遵守的电气规则，包括 Clearance（安全距离默认，10mil）、Short-Circuit（短路默认，不允许短路）、Un-Routed Net（未布线网络，默认未布的网络显示为飞线）、Un-Routed Net（未布线网络，显示为连接的引脚）。

② Routing（布线规则）：主要包括 Width（导线宽度）、Routing Layers（布线层）、Routing Corners（布线拐角）等。Width（导线宽度）有 3 个值可供设置，分别为 Max Width（最大宽度）、Preferred Width（预布线宽度）和 Min Width（最小宽度）。

2）单面板布线设置。单击"设计"→"规则"命令，弹出"PCB Rules and Constraints

Editor"对话框。单击左侧的 Routing → Routing Layers → Routing Layers 命令，在右侧的 "Enabled Layers"中取消选中"Top Layer"复选框，如图 1-51 所示。

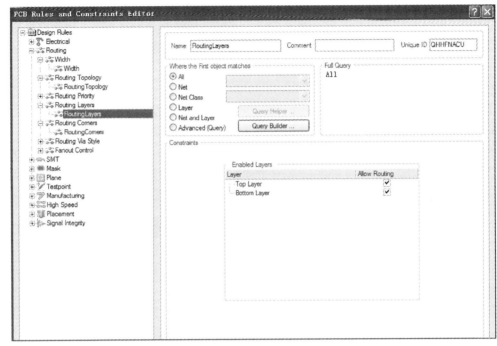

图 1-51 "PCB Rules and Constraints Editor"对话框

3）单击"自动布线"→"全部对象"命令，在弹出的对话框中选择"Route All"，软件便完成自动布线，如图 1-52 所示。

4）手工布线。单击"放置"→"交互式布线"命令，光标变成十字形状，表示处于导线放置模式。将光标放在一个焊盘上，单击鼠标左键固定导线的第一个点，移动光标按照飞线提示到另一个焊盘。单击鼠标左键，蓝色的导线已连接在两者之间，单击鼠标右键即完成了第一个网络的布线，如图 1-53 所示。用鼠标右键单击或按〈Esc〉键结束这条导线的放置。

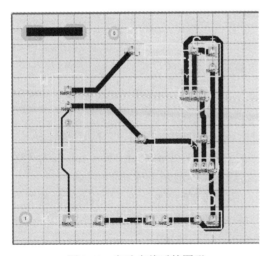

图 1-52 自动布线后的图形

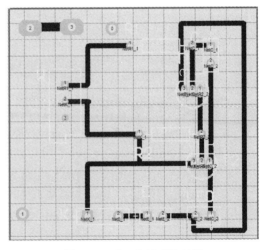

图 1-53. 手工布线后的结果

步骤六：PCB 图的打印

1）基本设置：单击"文件"→"页面设定"命令，在弹出的对话框中可以设置纸张尺寸、纸张方向、打印比例、打印图的位置、颜色等。

2）单击"文件"→"打印预览"命令可以预览打印结果，如图 1-54 所示。

任务拓展

要求：

1. 规划电路板，放置安装孔，电路板边界尺寸为 1500mil×1500mil，如图 1-55 所示。

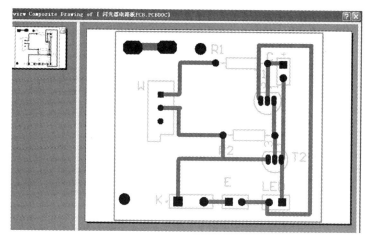

图 1-54　预览打印结果

图 1-55　规划电路板

2. 将任务一中的"原理图 1.SchDoc"进行单面板布线设计。

任务评价

闪光器 PCB 单面板设计评价表，见表 1-4。

表 1-4　闪光器 PCB 单面板设计评价表

序号	评价要素	评价内容	评价标准
1	创建 PCB 文件	1. 文件名 2. 保存位置	1. 文件名：闪光器 PCB 2. 保存位置："闪光器电路图设计"项目
2	规划电路板边界	板层设置	单面板布线
3	原理图信息导入	1. 原理图更新 2. 网络表导入	1. 原理图更新正确 2. 网络表导入无错误
4	元件封装的放置	1. 封装形状 2. 封装位置	1. 形状符合要求 2. 位置放置合适
5	布线	1. 板层设置 2. 自动布线 3. 手动交互式布线	1. 单面板布线 2. 自动布线选取正确 3. 能够进行手动调整
6	打印	1. 纸张设置 2. 预览	能按要求预览打印

（续）

序号	评价要素	评价内容	评价标准
7	任务拓展	1. 板层设置 2. 电路板布线	1. 单面板布线 2. 布线规则正确
8	团队合作	小组合作精神	1. 小组成员间协作配合好 2. 小组完成任务效率高
9	职业素养	1. 仪器操作 2. 设备、器材码放	1. 计算机使用操作规范、不使用与课程无关的软件 2. 仪器设备及实验室器材码放整齐

※ 项目小结 ※

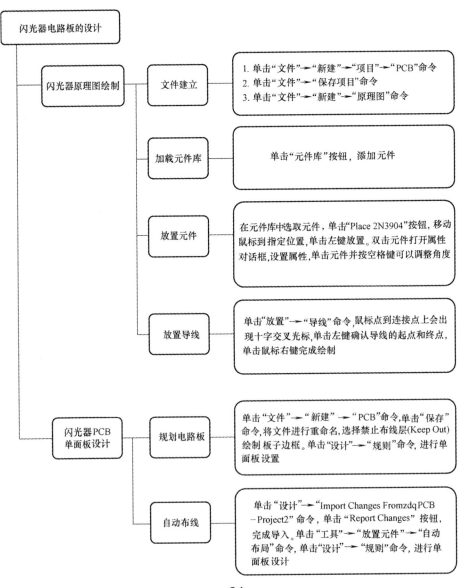

项目二
稳压电源电路板设计

※ 项目概述 ※

本项目主要介绍 Protel DXP 2004 中原理图图纸的设置，元件库的建立与元件符号的编辑，元件符号的创建绘制，原理图的注释，封装库的建立与元件封装的编辑修改，元件封装的创建，手动交互布线。

※ 项目学习目标 ※

通过绘制稳压电源的电路图、设计稳压电源的电路板实现以下学习目标：
1）掌握原理图图纸的设置方法。
2）掌握元件库的加载和移除。
3）学会元件符号的编辑。
4）掌握元件库的建立与元件符号的创建绘制。
5）理解原理图的注释。
6）学会元件封装的编辑修改。
7）重点掌握封装库的建立与元件封装的创建。
8）重点掌握原理图更新到 PCB 的应用。
9）重点掌握手动交互布线。

※ 项目学习导图 ※

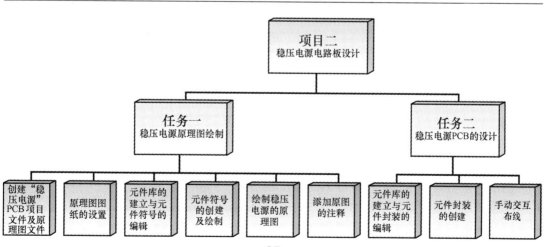

任务一　稳压电源原理图绘制

任务描述

使用 Protel DXP 2004 中的原理图编辑器绘制出如图 2-1 所示的稳压电源的电路图，图纸规格要求为 A4，不要标题栏。项目文件、原理图文件的名称都取名为"稳压电源"，元件库文件取名为"GB"，均存储在 E 盘的"稳压电源"文件夹中。

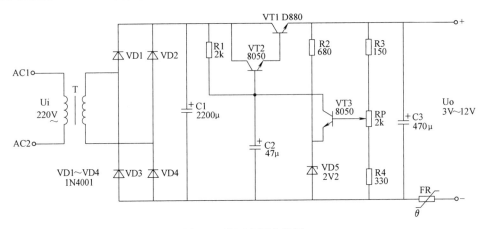

图 2-1　稳压电源电路图

任务分析

本任务要绘制的电源的原理图中，稳压二极管 VD5、自恢复保险 FR 的元件符号都是国标符号，在 Protel DXP 2004 的元件库中没有提供，需要自行编辑制作出这些元件符号，将元件符号存储在"GB"元件库中，并采用这些国标元件符号绘制出稳压电源的原理图。在原理图中加入合理的注释，以提高图纸的可读性。

知识储备

一、原理图图纸的设置

原理图文件建立后，在工作区会出现一张默认的空白图纸，可以对图纸大小和标题栏进行设置，如图 2-2 所示。

（1）图纸大小的设置

图纸的规格尺寸越大，可以容纳的元件符号越多，可以根据要绘制的电路图的复杂程度来确定图纸的大小。图纸规格也

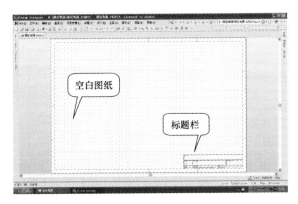

图 2-2　空白图纸

可以在绘图时随时调整。在 Protel DXP 2004 中，图纸的尺寸标号对应的图纸尺寸大小见表2-1。图纸大小的设置方法请参照"活动二中的步骤一"。

表 2-1　图纸的尺寸标号对应的图纸尺寸大小

尺寸标号	width/in	height/in	width/mm	height/mm
A4	11.69	8.27	297	210
A3	16.54	11.69	420	297
A2	23.39	16.54	594	420
A1	33.07	23.39	840	594
A0	46.8	33.07	1188	840
A	11	8.5	279	216
B	17	11	432	279
C	22	17	559	432
D	34	22	864	559
E	44	34	1078	864
Letter	11	8.5	279	216
Legal	14	8.5	356	216
Tabloid	17	11	432	279
OrCAD A	9.9	7.9	251	200
OrCAD B	15.4	9.9	391	251
OrCAD C	20.6	15.6	523	396
OrCAD D	32.6	20.6	828	523
OrCAD E	42.8	32.8	1087	833

（2）标题栏的显示与关闭

在图 2-2 中显示有标题栏，将标题栏关闭可以节省图纸空间，让图纸容纳更多的元件符号，在使用中可以根据实际需要灵活掌握。标题栏的打开 / 关闭的操作方法请参照"活动二中的步骤二"。

二、元件库的建立与元件符号的编辑修改

Protel DXP 2004 提供了很多元件库，库中提供了丰富的元件符号。但是，有不少元件符号都是欧美标准的，不符合国标的规范。在要绘制的稳压电源的原理图中用到了如图 2-3 所示的稳压二极管的国标符号。这个符号库中没有，但有对应的欧标符号（见图 2-4），我们可以对这个元件符号进行编辑修改，使其符合国标的规范。在对元件符号进行编辑修改前，要建立新的元件库，将编辑修改后得到的新元件符号存入库中。具体的编辑修改方法在"活动三"中有详细的阐述。

稳压二极管

图 2-3　稳压二极管国标符号　　　　图 2-4　稳压二极管欧标符号

三、元件符号的创建绘制

创建绘制元件符号要用到的基本操作有"绘制元件外形""捕获网格的设定""放置元件引脚""元件引脚属性的设置"等。在"任务实施的活动四"中以创建绘制自恢复保险的元件符号为例,对制作元件符号的过程进行了详细的讲解。

四、绘制稳压电源的原理图

(1)特殊符号的输入

电容容量单位"μ"的输入。在软件中字符"μ"无法直接输入,因此很多书籍与图纸中电容容量单位都用字母"U"或"u"代替,这是不符合国标的。为了符合国标,笔者采用了下述办法在软件中输入"μ",解决了此问题。

建立 Word 文档,在 Word 中通过单击"插入"→"符号"可以输入"μ",将"μ"复制并粘贴到 Protel DXP 2004 中即可完成"μ"的输入。

(2)放置"电气节点"

在默认的情况下,软件在导线的"T"形交叉点会自动放置一个电气节点,但是在十字形交叉点,软件无法判断导线是否连接,所以不会自动放置节点。如果电路中的十字形交叉点具有电气连接关系,就需要用户自己手动放置一个电气节点。在"活动五"中有实操讲解。

(3)放置电源"电源端口"表示电路的输入、输出端

"电源端口"一般用来表示电路需要的电源供电连接、供电电压的大小、电源的极性。有相同网络名称的"电源端口"具有电气连接关系。

圆形的"电源端口"可以用来表示电路的输入、输出端,详见"活动五"。

五、添加原理图的注释

在完成原理图绘制后,可以对原理图进行注释以方便原理图的阅读和检查。原理图注释的标准是准确、简洁、美观。

在图 2-1 中,"Ui""220V""~""Uo""3V""12V"都是注释,它们的添加方法参见"活动六"。

任务实施

活动一 创建"稳压电源"PCB 项目文件及原理图文件

步骤一:创建"稳压电源"PCB 项目文件

在 E 盘创建"稳压电源"文件夹。启动 Protel DXP 2004,单击"文件"→"创建"→"项目"→"PCB 项目"命令(见图 2-5),创建一个,文件名为"稳压电源 .PRJPCB"的 PCB 项目文件,将项目文件保存在 E 盘的"稳压电源"文件夹中。

注:文件名中的文件扩展名".PRJPCB"不用输入,软件会自动加入文件扩展名。后面的学习中会有相同的

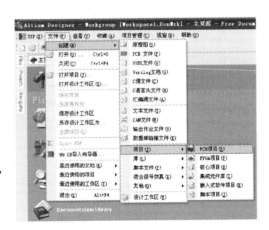

图 2-5 创建 PCB 项目文件

情况出现，各种文件扩展名均会自动加入。

步骤二：在项目中追加原理图文件

在"稳压电源.PRJPCB"项目中追加原理图文件。用鼠标右键单击项目文件名"稳压电源.PRJPCB"，在弹出的快捷菜单中单击"Schematic"命令（见图 2-6），创建一个原理图文件，文件的默认名为 Sheet1.SchDoc 用鼠标右键单击该默认名，在弹出的快捷菜单中单击"保存"命令，如图 2-7 所示。在弹出的保存对话框中将文件名命名为"稳压电源"，如图 2-8 所示。

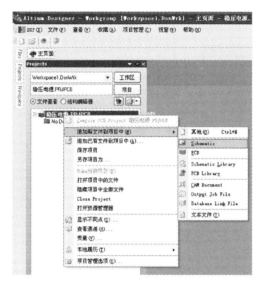

图 2-6　在项目中追加原理图文件

图 2-7　保存文件　　　　　　　　　　　图 2-8　为文件命名

活动二　原理图图纸的设置

步骤一：设置图纸的大小

在图纸的空白处单击鼠标右键，在弹出的快捷菜单中单击"选项"→"文档选项"命令（见图2-9），会弹出"文档选项"对话框，如图2-10所示。在"文档选项"对话框中可以对图纸大小、方向、网格大小等进行设置。

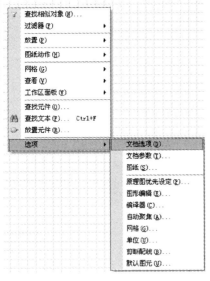

图2-9　单击"文档选项"命令　　　　　图2-10　"文档选项"对话框

在图2-10中，单击"标准风格"右侧的下拉按钮即可出现尺寸标号。尺寸标号对应的图纸尺寸见表2-1，根据实际需要选择尺寸标号即可更改图纸的规格大小。这里图纸规格选择A4。

步骤二：标题栏的显示与关闭

在图2-10中，取消选中"图纸明细表"复选框并确认即可将标题栏关闭。关闭后的效果如图2-11所示。在本任务中将标题栏关闭。

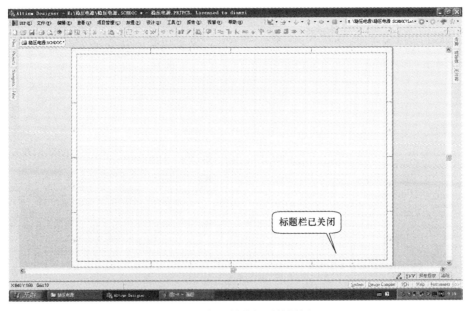

图2-11　标题栏关闭后的图纸

活动三　元件库的建立与元件符号的编辑

步骤一：建立原理图元件库

1）单击"文件"→"创建"→"库"→"原理图库"命令，打开原理图元件库编辑器，软件自动生成了原理图元件库，默认的文件名为"Schlib1.SchLib"，如图 2-12 所示。

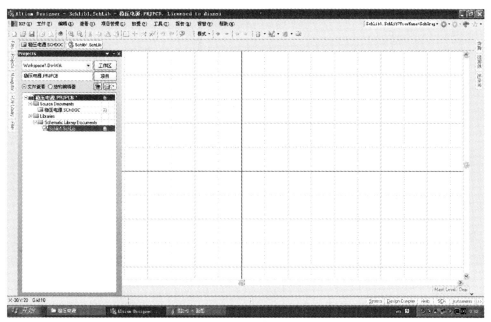

图 2-12　建立原理图元件库

2）保存元件库。单击"文件"→"保存"命令，将元件库文件保存到 E 盘的"稳压电源"文件夹的"GB.SchLib"中。

步骤二：打开已有的元件库

1）单击"文件"→"打开"命令，在弹出的对话框的"查找范围"下拉列表中找到并选择下面的文件"D：\Program Files\Altium2004 SP3\Library\Miscellaneous Devices.IntLib"（这是笔者计算机中软件的安装路径），如图 2-13 所示。单击"打开"按钮，弹出如图 2-14 所示的对话框，单击"抽取源"按钮，"Miscellaneous Devices.IntLib"集成元件库会被打开，如图 2-15 所示。

图 2-13　打开已有的元件库　　　　图 2-14　抽取文件　　图 2-15　打开元件库后的显示

2）在图 2-15 中双击"Miscellaneous Devices.SchLib"，会打开"Miscellaneous Devices. SchLib"库，并出现"SCH Library"面板和库元件编辑工作区，如图 2-16 所示。

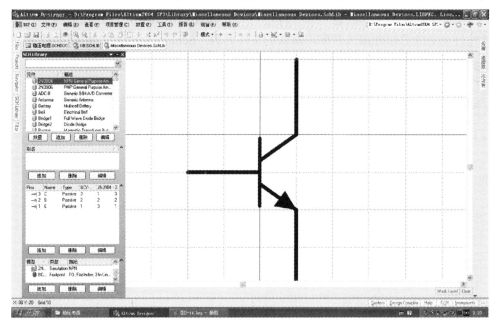

图 2-16　库元件编辑工作区

步骤三：编辑修改元件符号

下面以对稳压二极管的欧标元件符号编辑修改为国标符号为列进行讲解学习。

1）复制元件。单击"SCH Library"选项卡，出现"SCH Library"面板，在"元件"选项区中找到"D Zener"并选中，在元件编辑工作区会出现稳压二极管的欧标符号，如图 2-17 所示。

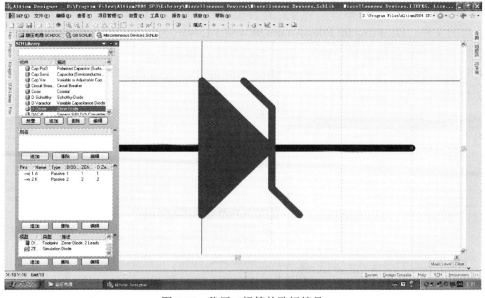

图 2-17　稳压二极管的欧标符号

单击"工具"→"复制元件"命令，弹出"Destination Library（目的库）"对话框，在"文档名"选项卡中选择要复制元件的目的库，这里选择前面创建的"GB.SCHLIB"，单击"确认"按钮，如图2-18所示。

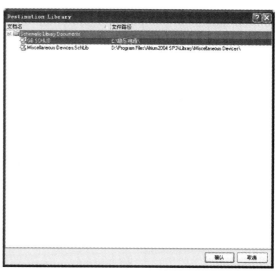

图2-18 "Destination Library（目的库）"对话框

2）查看复制的元件。单击"Projects"选项卡，在出现的"Projects"面板中选中库文件"GB.SCHLIB"。单击"SCH Library"选项卡，可以看到元件选项中增加了刚才复制的元件，表示元件成功地复制在创建的元件库中，如图2-19所示。

3）关闭打开的元件库。切换到"Projects"面板，关闭打开的"Miscellaneous Devices.SchLib"元件库，此时会弹出"Confirm"对话框，询问是否对改变进行保存，一定要选择单击"No"按钮，不对改变进行保存，以保证"Miscellaneous Devices.SchLib"元件库不做任何改变，如图2-20所示。

图2-19 复制元件成功

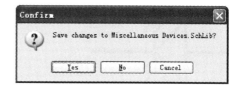

图2-20 "Confirm"对话框

4）单击"SCH Library"选项卡，出现"SCH Library"面板，在"元件"选项区中找到"D Zener"并选中，在元件编辑工作区会出现稳压二极管的欧标符号，如图2-21所示。

5）在编辑工作区双击三角区域，会弹出如图2-22所示的对话框，取消选中"画实心"复选框并确认，这时实心三角就变成了空心三角，如图2-23所示。

6）斜线改垂线。参照图2-22和图2-23，将捕获网格设定为10，按照图2-24～图2-26的注释去操作即可。

7）斜线改直线。按照图2-26和图2-27的注释去操作即可。

8）空心三角内画直线。单击"放置"→"直线"命令，出现十字光标后在空心三角中心位置画水平线，如图2-28所示。画线的操作方法与项目一中原理图中画线的操作方法相同，这里不再赘述。至此，稳压二极管的欧标符号编辑为国标符号了。

项目二

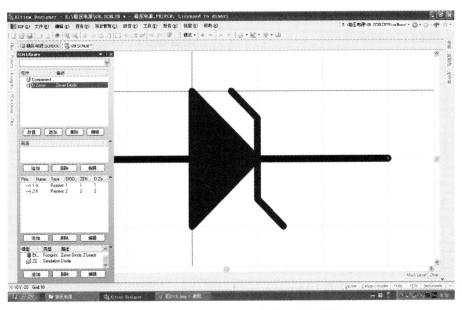

图 2-21　工作区出现稳压二极管的欧标符号

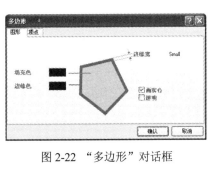

图 2-22　"多边形"对话框

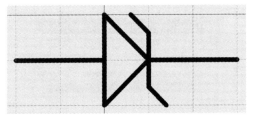

图 2-23　图形变化后的效果

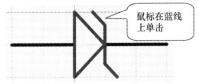

图 2-24　斜线改垂线的操作 1

图 2-25　斜线改垂线的操作 2

图 2-26　斜线改垂线的操作 3

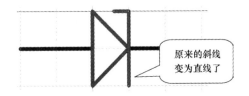

图 2-27　线条改变后的效果

9）为元件重新命名。单击"SCH Library"选项卡，出现"SCH Library"面板，在"元件"选项区中找到"D Zener"并选中，单击"工具"→"重新命名元件"命令，在如图

2-29 所示的对话框中将"D ZENER"改为"GB ZENER",单击"确认"按钮,重命名完成。

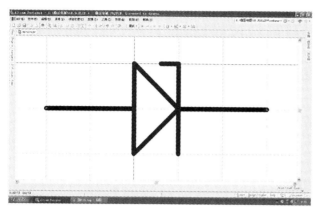

图 2-28 空心三角内画直线

图 2-29 重命名

10) 保存所做的修改。单击"文件"→"保存"命令,上述的编辑修改存入库中。

活动四 元件符号的创建及绘制

步骤一:打开已创建的元件库

单击"文件"→"打开"命令,打开已经建立的"GB.SCHLIB"元件库。

步骤二:在库中添加新元件

1) 单击"工具"→"新元件"命令,弹出"New Component Name"对话框,(见图 2-30),在该对话框中输入新元件的名称"FR",单击"确认"按钮。

2) 单击"SCH Library"选项卡,出现"SCH Library"面板,在"元件"选项区中可以看到"FR",证明新元件已添加成功,如图 2-31 所示。

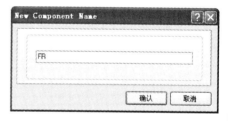

图 2-30 "New Component Name"对话框

步骤三:设定捕获网格

参照图 2-32,将捕获网格设定为 1mil(1mil=25.4×10⁻⁶m),即将图 2-33 中的 10 mil 改为 1mil,这样光标每次移动的距离(即画线的精度)为 1mil。

图 2-31 确认添加成功

图 2-32 捕获网格设定

图 2-33 改变网格规格

步骤四：绘制元件外形

单击"放置"→"直线"命令，在元件符号编辑工作区用"直线"命令绘制宽为 20mil、高为 10mil 的矩形，线的起点从坐标原点（0，0）开始，这样尺寸计量方便。图形要画在第四象限，如图 2-34 所示，这时的参考点（就是今后放置元件时鼠标刈于元件的位置）就是左上角，符合常人的习惯。

步骤五：绘制 ／ 符号

将捕获网格设定为 2mil。单击"放置"→"直线"命令，在绘制直线状态下按〈空格〉键，这时就可以画斜线了。鼠标的光标斜向移动 8 个单位（即 8 次）后，画出一条斜线，如图 2-35 所示。

在斜线的上端、下端各画一条 4mil 的直线，如图 2-36 所示。至此，／符号绘制完毕。

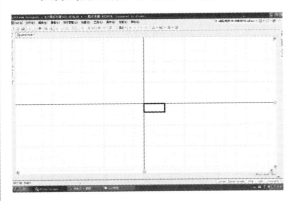

图 2-34　绘制矩形

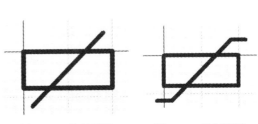

图 2-35　绘制斜线　　　图 2-36　绘制直线

步骤六：放置元件引脚及引脚属性设定

元件引脚就是元件与导线或与其他元件之间相连接的地方，具有电气属性，不能用"直线"代替。

1）单击"放置"→"引脚"命令，可以看到在鼠标指针上黏附着一个引脚，如图 2-37 所示。

2）在放置引脚状态下，按〈Tab〉键，会弹出"引脚属性"对话框，如图 2-38 所示。

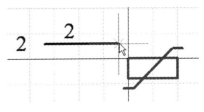

图 2-37　放置引脚

在图 2-38 中的"显示名称"文本框中可以对引脚的名称进行设置，如名称为"IN"表示输入、"OUT"表示输出、"VCC"表示电源、"GND"表示接地等。名称实际上就是功能的描述，有了名称可以便于区分各个引脚的功能。在后面的复选框中选择是否显示。

"标示符"用来设置引脚的编号，通过不同的编号将各引脚区分开。

对于制作的自恢复保险，设置"标识符"为"1"，复选框中的√去掉即不显示"标识符"；"显示名称"设置为与"标识符"相同，即为"1"，不显示；将"长度"改为"10"；单击"确认"按钮，参看图 2-39，移动光标将引脚放置到图形左侧中心位置，单击鼠标左键第一个引脚放置完毕。此时，光标还黏附着一个新的引脚，并且"标识符"自动加 1，将这个新引脚放置到图形左侧中心位置（见图 2-40），单击鼠标右键即可退出引脚放置状态。

要制作的自恢复保险两个引脚具有相同的功能，所以将"显示名称"设置为与"标识符"相同即可。

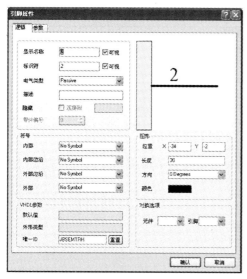

图 2-38 "引脚属性"对话框

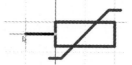

图 2-39 放置 1 号引脚

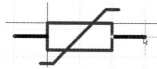

图 2-40 放置 2 号引脚

3）单击 按钮，保存创建的元件符号。

活动五 绘制稳压电源的原理图

步骤一：进入原理图绘制状态

1）打开创建的稳压电源 PCB 项目，打开稳压电源原理图文件，进入原理图绘制状态。

2）在元件库面板中安装前面创建的"GB.SchLib"库，如图 2-41 所示。

步骤二：绘制稳压电源原理图

1）按照表 2-2 所示，从库中选择元件、放置元件。电容单位"μ"的输入请参看知识储备中的介绍。

VD1 ~ VD4 的型号相同，不再一一注释，而是最后统一注释，这样图纸简洁明了，便于识读，如图 2-42 所示。

图 2-41 GB 元件库已安装

表 2-2 元件库名称与元件在库中的名称表

标识符	注释	所在元件库名称	元件在库中的名称
VT1	D880	Miscellaneous Devices.IntLib	2N3904
VT2	8050	Miscellaneous Devices.IntLib	2N3904
VT3	8050	Miscellaneous Devices.IntLib	2N3904
VD1	无	GB.SchLib	Diode 1N4001
VD2	无	GB.SchLib	Diode 1N4001
VD3	无	GB.SchLib	Diode 1N4001
VD4	无	GB.SchLib	Diode 1N4001
VD5	2V2	GB.SchLib	GB Zener
R1	2k	Miscellaneous Devices.IntLib	Res2

标识符	注释	所在元件库名称	元件在库中的名称
R2	680	Miscellaneous Devices.IntLib	Res2
R3	150	Miscellaneous Devices.IntLib	Res2
R4	330	Miscellaneous Devices.IntLib	Res2
C1	2200μ	Miscellaneous Devices.IntLib	Cap Pol2
C2	47μ	Miscellaneous Devices.IntLib	Cap Pol2
C3	470μ	Miscellaneous Devices.IntLib	Cap Pol2
RP	2k	Miscellaneous Devices.IntLib	RPot
FR	无	GB.SchLib	FR
T	无	Miscellaneous Devices.IntLib	Trans Eq

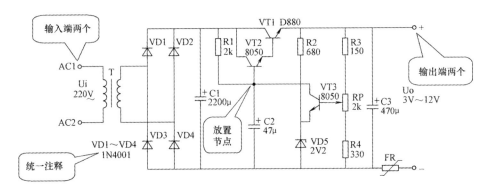

图 2-42 统一注释与端口、节点

2）参照图 2-42 调整元件位置，放置连接导线。

3）放置"电气节点"。单击"放置"→"手工放置节点"命令，将光标上黏附的节点移动到图 2-42 所指示的位置，单击鼠标左键放置，之后单击鼠标右键退出放置状态。

4）放置输入／输出端。单击"放置"→"电源端口"命令，光标上将出现黏附的电源端口，如图 2-43 所示。此时按〈Tab〉键，会出现如图 2-44 所示的"电源端口"对话框，单击"风格"右侧的字符，在弹出的下拉菜单中选择"Circle"（圆形），在"网络"文本框中输入"AC1"，单击"确认"按钮，这时光标上黏附的电源端口变为圆形，参照图 2-42 放置到对应的位置。之后再放置 3 个圆形电源端口，在"网络"文本框中分别输入 AC2、+、-，

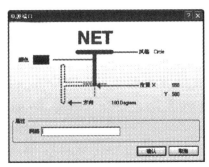

图 2-43 电源端口　　　　　图 2-44 电源端口对话框

之后单击鼠标右键退出放置状态。

绘制完原理图后请及时保存文件。

活动六　添加原理图的注释

稳压电源原理图中要添加的注释分别是"Ui""220V""～""Uo""3V""12V"。

图2-45　文本字符串

步骤一：放置文本字符串

单击"放置"→"文本字符串"命令，光标上将出现黏附的字符，如图2-45所示。

步骤二：设置字符串属性

1）在放置字符串状态下按〈Tab〉键，会弹出如图2-46所示的"注释"对话框。在"注释"对话框的"文本"文本框中输入需要的字符，单击"确认"按钮后移动注释字符到需要的位置并单击鼠标左键进行放置。

2）放置后光标上将继续出现黏附的字符，重复步骤二的操作即可连续放置注释字符。单击鼠标右键可退出注释字符放置状态。

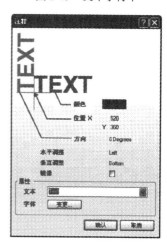

图2-46　"注释"对话框

步骤三：V效果的实现

将捕获网格设定为1mil。移动"～"到"220V"的"V"下面，即可实现图2-42中的注释效果。

任务拓展

1）参照活动三，参看图2-47，在"GB.SchLib"库中创建变压器、二极管的国标元件符号，名称分别为"T""Diode 1N4001"。

2）通过活动三、活动四的学习，并参照图2-48，在"GB.SchLib"库中制作出"电位器"的国标符号，名称为"RP"。

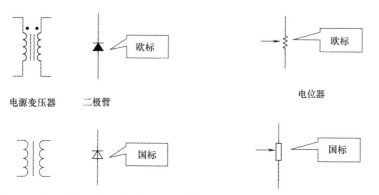

电源变压器　　二极管　　　　　　　　　　　　电位器

图2-47　变压器、二极管的国标元件符号　　　图2-48　电位器的国标符号

3）在E盘创建"集成电路稳压电源"文件夹，在此文件夹中创建"LM317.PRJPCB"项目及"LM317.SchDoc"原理图文件，绘制如图2-49所示的电路。用查找功能找到LM317，其在库中的名称是"LM317AT"。

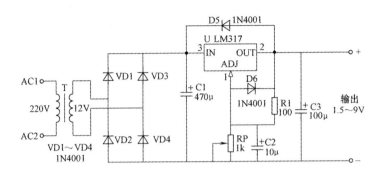

图 2-49　集成电路稳压电源电路图

任务评价

稳压电源原理图绘制评价表见表 2-3。

表 2-3　稳压电源原理图绘制评价表

序号	评价要素	评价内容	评价标准
1	建立项目并追加原理图文件	1. 项目文件名 2. 保存位置 3. 原理图文件 4. 保存位置	1. 项目文件名：稳压电源 .PRJPCB 2. 保存位置：E 盘的"稳压电源"文件夹中 3. 原理图文件名：稳压电源 .SchDoc 4. 保存位置：E 盘"稳压电源"文件夹
2	原理图图纸的设置	1. 图纸大小的设置 2. 标题栏的关闭	1. 图纸设置为 A4 规格 2. 关闭标题栏
3	元件库的建立与元件符号的编辑修改	1. 元件库名称、保存位置 2. 打开已有的元件库 3. 修改元件符号	1. 名称为"GB"、保存在 E 盘的"稳压电源"文件夹 2. 找到"Miscellaneous Devices.IntLib"集成库并打开 3. 正确复制元件、修改方法得当
4	元件符号的创建	1. 在库中添加元件 2. 设定捕获网格 3. 绘制元件外形 4. 放置元件引脚	1. 添加方法正确、名称正确 2. 设定为 1mil 3. 外形尺寸正确、会画斜线 4. 引脚属性中相关项目设定正确
5	绘制原理图	1. 元件选取 2. 元件放置 3. 电容单位 μ 的输入 4. 放置电气节点 5. 放置输入 / 输出端	1. 元件选取正确 2. 元件放置准确、美观 3. 会正确输入 4. 在具有电气连接关系的"十"字交叉点放置节点 5. 形状正确、网络名正确
6	原理图注释	1. 放置注释 2. 设置字符串属性 3. V 效果的实现	1. 操作正确 2. 字符串输入正确 3. 可以正确实现
7	团队合作	小组合作精神	1. 小组成员间协作配合好 2. 小组完成任务效率高
8	职业素养	计算机操作	计算机使用操作规范、不使用与课程无关软件

任务二 稳压电源 PCB 的设计

任务描述

在前面创建的"稳压电源"PCB 项目中追加"稳压电源 .PcbDoc"PCB 文件，追加封装库文件取名为"GB.PcbLib"，均存储在 E 盘的"稳压电源"文件夹中。打开前面绘制的"稳压电源"原理图，为元件选择合理的封装。使用 Protel DXP 2004 中的 PCB 编辑器，通过手动交互式布线，设计出"稳压电源"的 PCB。根据实际需要在 PCB 上添加注释。

任务分析

稳压电源的 PCB 要装入如图 2-50 所示的机壳中。机壳中左侧是电源变压器，右则的白色区域用来放置 PCB，所以要求设计的 PCB 的外形轮廓如图 2-51 所示。晶体管 VT1 发热量大，要安装在散热器上（见图 2-52），为此要为散热器连同晶体管 VT1 创建元件封装。

 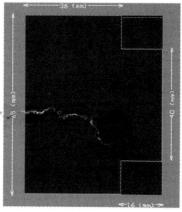 

图 2-50　稳压电源机壳　　　图 2-51　稳压电源 PCB 的外形　　图 2-52　安装在散热器
　　　　　　　　　　　　　　　　　　　　轮廓　　　　　　　　　　上的晶体管

知识储备

一、封装库的建立与元件封装的编辑

在 Protel DXP 2004 的元件封装库（也叫 PCB 库）中，对于一些常规的元件（如电阻、电容、二极管、晶体管、集成电路等）都提供了相应的封装；但是这些封装中有些尺寸过于小巧紧密，不适合手工焊接。读者可以建立自己的元件封装库，将已有的封装复制到自己的库中，以这些封装为基础，对其进行编辑修改，使之符合我们的实际需要。这种编辑修改比从"零"开始创建封装要节省时间，可以提高工作效率。

在"活动一"中，以对晶体管的封装进行编辑修改为例，详细阐述了元件封装的编辑修改方法。图 2-53 展示出了编辑修改前（左图）与编辑修改后（右图）的晶体管的封装对比。从图中可以看出编辑修改后焊盘之间的距离增大了，这样手工焊接时可以避免短路问题的出现。

二、元件封装的创建

虽然 Protel DXP 2004 提供了大量的元件封装库，但是随着科技的发展，新的元器件不断出现，这些元器件的封装在 Protel DXP 2004 的封装库中是找不到的。设计人员要根据元器件实际的外型尺寸、引脚排列等创建元件的封装。

图 2-53　编辑修改前后的晶体管的封装对比

图 2-52 是晶体管安装到散热器的实物图，"晶体管 + 散热器"的组合封装在 PCB 库中是没有的；在"任务实施"的"活动二"中，以创建这个组合封装为例介绍了元件封装的创建方法与步骤。

三、手动交互布线

虽然 Protel DXP 2004 提供了强大的自动布线功能，但是自动布线时总会存在一些令人不满意的地方，如拐角的方式、走线的位置与长度等，毕竟软件不能理解设计者的初衷，只能按照设定的规则去布线，自然缺乏人性化的设计结果。

为了使布线更加人性化，一般都需要在自动布线的基础上进行手动调整。也可以不用自动布线功能，直接用手动布线的方法对电路板进行布线。手动布线在电路板设计中有着十分重要的应用。手动布线一般是建立在网络表基础上的手动交互式布线。

手动交互布线的前提如下：

1）已经绘制好原理图。

2）安装好要用到的封装库。软件一般默认只安装了"Miscellaneous Devices.IntLib"和"Miscellaneous Connectors.IntLib"两个集成元件库，其他库要根据需要自己安装，否则会出现封装无法找到的问题。

3）在原理图设计环境为元件选择好了封装。

4）已经创建 PCB 文件，在 PCB 电路板设计环境下绘制好电路板的边框（即外形轮廓），如图 2-51 所示，一般要在 Keep Out Layer 层绘制。图 2-51 中的尺寸标准不是必须的，这里标出尺寸是为后面的任务实施做参考依据。

5）载入网络表和元件。在原理图设计环境中，单击"设计"→"Update PCB Document"命令。

6）完成元件布局。

7）设定好布线规则。

任务实施

活动一　元件库的建立与元件封装的编辑

步骤一：建立元件封装库

1）打开"稳压电源.PRJPCB"PCB 项目文件，单击"文件"→"创建"→"库"→"PCB 库"命令，打开 PCB 库编辑器，软件自动生成了 PCB 库，默认的文件名为"PcbLib1.PcbLib"，如图 2-54 所示。

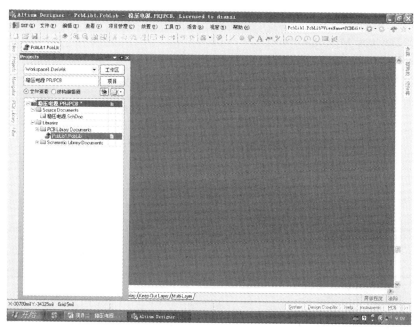

图 2-54　建立元件封装库

2）保存 PCB 库。单击"文件"→"保存"命令，在"保存"对话框中将文件名改为"GB.PcbLib"，将 PCB 库文件保存到 E 盘的"稳压电源"PCB 项目中。

3）保存"稳压电源 .PRJPCB"项目文件。在项目面板中用鼠标右键单击"稳压电源 .PRJPCB"文件名，在弹出的快捷菜单中单击"保存项目"命令，保存项目文件。

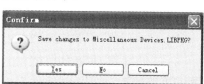

图 2-55　确认对话框

步骤二：打开与关闭"Miscellaneous Devices. IntLib"集成元件库

1）参照任务一中活动三的步骤二的操作步骤打开"Miscellaneous Devices.IntLib"集成元件库。

2）关闭"Miscellaneous Devices.IntLib"集成元件库。在"Projects"选项卡中用鼠标右键单击"Miscellaneous Devices.LIBPKG"命令，在弹出的快捷菜单中单击"Close Project"命令，关闭"Miscellaneous Devices. IntLib"集成元件库。此时，会弹出如图 2-55 所示的确认对话框，单击"NO"按钮，关闭集成元件库。

上述打开、关闭"Miscellaneous Devices.IntLib"集成元件库的目的是从中抽取"Miscellaneous Devices. PcbLib"PCB 库。通过上面的操作，在 Protel DXP 2004 的安装目录中的 Library 文件夹中会出现"Miscellaneous Devices"文件夹，文件夹中有"Miscellaneous Devices. PcbLib"PCB 库，如图 2-56 所示。笔者计算机中的

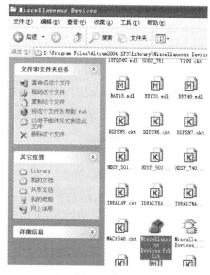

图 2-56　"Miscellaneous Devices.PcbLib"PCB 库

"Miscellaneous Devices.PcbLib"库完整路径是"D：\Program Files\Altium2004 SP3\Library\Miscellaneous Devices\ Miscellaneous Devices.PcbLib"。

步骤三：复制"BCY-W3"封装

1）打开"Miscellaneous Devices.PcbLib"库。单击"文件"→"打开"命令，参照上述路径找到并打开"Miscellaneous Devices.PcbLib"库。

2）找到晶体管的"BCY-W3"封装。单击"Miscellaneous Devices.PcbLib"选项卡，如图2-57所示。在PCB Library面板中选中"BCY-W3"，如图2-58所示。这时晶体管的封装出现在工作区，如图2-59所示。

图2-57 激活"Miscellaneous Devices.PcbLib"选项卡

图2-58 选中"BCY-W3"

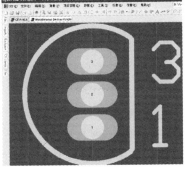

图2-59 "BCY-W3"出现在工作区

3）复制晶体管的"BCY-W3"封装。单击"编辑"→"复制元件"命令；选择"GB.PcbLib"选项卡，如图2-60所示。单击"编辑"→"粘贴元件"命令，这时晶体管的"BCY-W3"封装被粘贴到了"GB.PcbLib"库中，在PCB Library面板中可以看到，如图2-60所示。此时可以将"Miscellaneous Devices.PcbLib"关闭。

4）为晶体管封装改名字。为了区分"GB.PcbLib"库与"Miscellaneous Devices.PcbLib"库中的晶体管封装，在"GB.PcbLib"库中将晶体管封装改名为"TO-92"。在如图2-60所示的界面中双击名称中的"BCY-W3"，会弹出如图2-61所示的对话框，在对话框中将名称改为"TO-92"，并单击"确认"按钮。

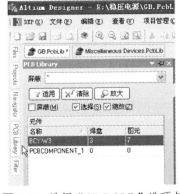

图2-60 选择"GB.PcbLib"选项卡

步骤四：编辑"TO-92"封装

1）将鼠标指针放到1号焊盘上，持续

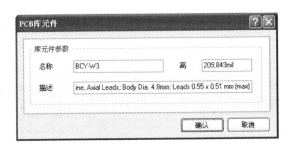

图2-61 元件改名

单击左键，当出现十字光标时按住左键移动 1 号焊盘到坐标（X：0mil，Y：-100mil）的位置，之后松开左键完成移动。用同样的方法移动 3 号焊盘到坐标（X：0mil，Y：100mil）的位置，效果如图 2-62 所示。

图 2-62　焊盘移动后的效果

2）删除黄色字符 1、3。用鼠标左键在黄色字符 1 上单击，字符 1 被选中，按〈Delete〉键，字符 1 被删除，用同样的方法删除黄色字符 3。最终的效果如图 2-63 所示。

3）单击 按钮，保存对晶体管封装"TO-92"所做的修改。

至此，晶体管封装的编辑修改工作完成，可以单击"文件"→"关闭"命令，将创建的"GB.PcbLib"PCB 库关闭。

图 2-63　编辑后的效果

活动二　元件封装的创建

下面要为图 2-64 中的散热器、晶体管创建元件封装。从图 2-64 可知，二者最终要安装组合在一起，所以可以先创建散热器的封装，再在散热器的封装基础上继续创建晶体管的封装。

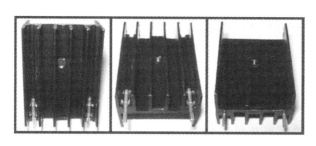

散热器实物图

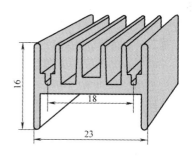

散热器尺寸图

晶体管实物图

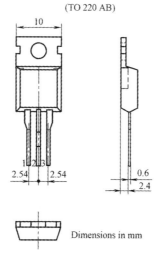

晶体管尺寸图

晶体管安装到散热器上

图 2-64　散热器与晶体管

步骤一：在封装库中添加新元件封装

打开前面创建的"GB.PcbLib"封装库，单击"工具"→"新元件"命令，在弹出的"元件封装向导"对话框中单击"取消"按钮，如图 2-65 所示。单击"PCB Library"选项卡，在弹出的"PCB Library"面板中双击如图 2-66 指示的元件名，会出现如图 2-61 所示的对话框，在对话框中将名称改为"TO-220"，并单击"确认"按钮。

图 2-65 "元件封装向导"对话框　　　　图 2-66 PCB Library 面板

步骤二：绘制散热器的封装

1）单击软件下方的"Top Overlay"选项卡（见图 2-67），切换到"顶层丝印层"。因为软件中规定绘制元件的外形轮廓要在"顶层丝印层"。

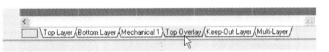

图 2-67 层的切换

2）单击"编辑"→"跳转到"→"参考"命令，鼠标指针会跳转到坐标原点，从而找到坐标原点，如图 2-68 所示。

3）单击"查看"→"切换单位"命令，将计量单位切换到公制毫米。

4）单击"查看"→"网格"→"设定捕获网格"命令，会弹出如图 2-69 所示的对话框，在对话框中输入"0.5"并单击"确认"按钮，这样鼠标移动一次的距离就是 0.5mm 了。

5）单击"放置"→"直线"命令，从原点（X：0mm，Y：0mm）开始往右侧绘制长度为 11.5mm 的水平线，如图 2-70 所示。用同样的方法从原点开始往左侧绘制长度为 11.5mm 的水平线，这样最终就得到了一条长度为 23mm 的水平线，如图 2-71 所示。这个长度与图 2-64 中散热器尺寸图的长度对应。

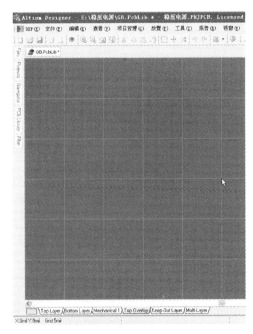

图 2-68 跳转到坐标原点

图 2-69 设定捕获网格　　　图 2-70 绘制水平线　　　　　　　图 2-71 最终效果

6）单击"放置"→"直线"命令，从坐标（X：11.5mm，Y：0mm）处开始，往上绘制一条长度为8mm的垂线，如图2-72所示。从坐标（X：11.5mm，Y：0mm）处开始，往下绘制一条长度为8mm的垂线，如图2-73所示。这样最终就得到了一条长度为16mm的垂直线，这个宽度与图2-64中散热器尺寸图的宽度对应。

用同样的方法，在水平线的左侧绘制出一条长度为16mm的垂直线，如图2-74所示。

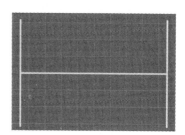

图 2-72 绘制垂线　　　　　图 2-73 最终效果　　　　　图 2-74 左侧垂线

7）在"H"形的线条图形的上端和下端各绘制一条长度为23mm的水平线，从而成为"日"字形图形，如图2-75所示。

8）单击"放置"→"焊盘"命令，鼠标指针上会黏附有一个焊盘，移动焊盘到坐标（X：9mm，Y：0mm）的位置并单击左键放置，如图2-76所示。之后鼠标指针上又会黏附有一个焊盘，移动焊盘到坐标（X：-9mm，Y：0mm）的位置并单击左键放置，之后单击鼠标右键退出放置状态。最终的效果如图2-77所示。

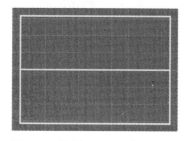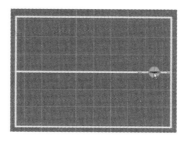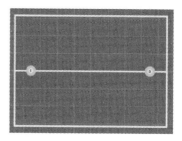

图 2-75 绘制出"日"字形图形　　图 2-76 放置第一个焊盘　　图 2-77 放置第二个焊盘

通过坐标值可以计算出两个焊盘的水平距离是18mm，与图2-64中散热器尺寸图的两个固定引脚的距离相吻合，所以这两个焊盘起到在电路板上固定散热器的作用。

步骤三：编辑散热器焊盘属性

编辑两个固定散热器焊盘的属性。双击其中的一个焊盘，会弹出"焊盘"对话框，如图2-78所示。

"焊盘"属性对话窗口中各选项的介绍如下。

1）孔径：焊盘的内径，一般是个上下贯通的通孔，即元件引脚插入的地方；孔径要比元件引脚的直径要大一些，以便于引脚的插入。散热器的固定引脚的直径实测为1mm，根据上述原则孔径值设定为 1.5mm。

2）"尺寸和形状"选项区中的"X- 尺寸、Y- 尺寸"：焊盘的外径尺寸，外径一定要大于内径，这样才有焊接用的附着物。为了提高散热器的固定强度，这里将"X- 尺寸"和"Y- 尺寸"都取为 4mm。

3）"尺寸和形状"选项区中的"形状"：焊盘的外观形状，有 Round（圆形）、Rectangle（正方形）、Octagonal（八边形）3 种。这里选用 Octagonal 八边形。

4）标识符，即焊盘的编号。标识符要与这个元件的原理图符号中的引脚标识符严格对应，这样对应的引脚插入对应的焊盘。如果不对应会出现电路不能工作，甚至损坏元件的严重问题。

由于固定散热器引脚的焊盘只起到焊接固定作用，没有电气连接作用，所以其标识符与焊接固定晶体管的 3 个焊盘的标识符不重合就可以了；晶体管的 3 个引脚焊盘的标识符分别是 1、2、3，因此给固定散热器引脚的两个焊盘的标识符取为 4、5 就可以了。

按照上述设定值设定好焊盘属性，单击"确认"按钮让属性设置生效，另一个焊盘也依此进行修改，最终完成的散热器封装如图 2-79 所示。

图 2-78 "焊盘"对话框

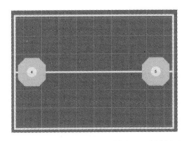

图 2-79 最终完成的散热器封装图

步骤四：绘制晶体管的封装

1）先将捕获网格设定为 0.1mm。

2）单击"放置"→"直线"命令，从坐标（X：5mm，Y：0mm）处开始，往下绘制一条长度为 5.4mm 的垂线；从坐标（X：-5mm，Y：0mm）处开始，往下绘制一条长度为 5.4mm 的垂线，如图 2-80 所示。两条垂线的起点坐标（X：5mm，Y：0mm）、（X：-5mm，Y：0mm）、垂线长度的确定，请结合图 2-64 中的晶体管尺寸图自行分析。

3）单击"放置"→"直线"命令，以坐标（X：-5mm，Y：-5.4mm）处为起点，坐标（X：5mm，Y：-5.4mm）为终点，绘制水平线，如图 2-81 所示。

4）放置 3 个焊盘。参照图 2-64 中的晶体管尺寸图确定焊盘的位置坐标。由于前面绘制的封装图形都是围绕坐标原点（X：0mm，Y：0mm）成中心对称结构的，所以结合图 2-64 中的晶体管尺寸图可以确定中间的焊盘位置坐标是（X：0mm，Y：-2.7mm），左侧的焊盘位置坐标是（X：-2.54mm，Y：-2.7mm），右侧的焊盘位置坐标是（X：2.54mm，Y：-2.7mm）。

由于位置精度为0.1mm，移动鼠标放置焊盘时不容易放到要求的坐标位置，这时可以先粗略的放置，放好之后双击焊盘，在弹出的"焊盘"属性对话框中（见图2-84）的"位置"处输入准确的坐标值并单击"确认"按钮，焊盘就调整到要求位置了。最终效果如图2-82所示。

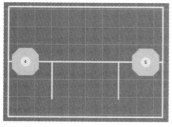

图2-80　晶体管封装绘制过程1

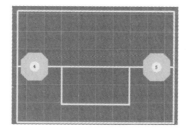

图2-81　晶体管封装绘制过程2

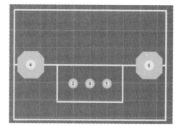

图2-82　晶体管封装绘制过程3

步骤五：编辑晶体管焊盘属性

1）设置3个焊盘的标识符。从图2-83的对应关系可以分析出左侧焊盘的标识符应当为2，中间焊盘的标识符应当为3，右侧焊盘的标识符应当为1。按照上述分析分别双击3个焊盘，修改它们的标识符。

2）修改3个焊盘的直径与形状。实测晶体管的引脚直径为0.8mm，所以焊盘的"孔径"设定为1mm。为了增加焊盘的机械强度，又保证焊盘间的距离不要过近，"尺寸和形状"选项区中的"X-尺寸"和"Y-尺寸"分别设定为1.6mm、3mm，在"形状"下拉列表中选择Round，如图2-84所示。最终的效果如图2-85所示。

散热器+晶体管的组合封装制作完毕，记得存盘。

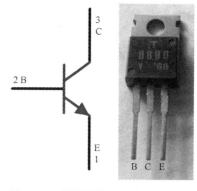

图2-83　晶体管符号与实物引脚对应关系图

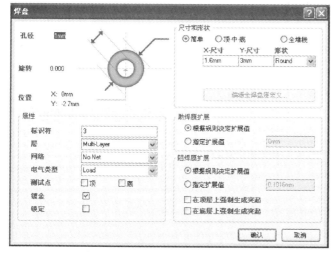

图2-84　修改焊盘的直径与形状

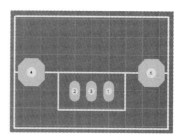

图2-85　晶体管与散热器组合封装的最终效果图

活动三　手动交互布线

步骤一：交互布线前的准备工作

1）打开"稳压电源.PRJPCB"项目，打开"稳压电源.SchDoc"原理图文件，进入原理图设计环境。

2）安装"GB.PcbLib"封装库。在稳压电源PCB的设计中要用到前面创建的晶体管TO-92封装、晶体管＋散热器组合封装TO-220，它们都在"GB.PcbLib"封装库中，所以要安装"GB.PcbLib"封装库。

单击软件右侧的"元件库"选项卡，在弹出的"元件库"面板中单击"元件库"按钮，如图2-86所示。弹出如图2-87所示的"可用元件库"对话框，在"安装"选项卡中单击"安装"按钮，在出现的如图2-88所示的"打开"对话中，按照"GB.PcbLib"库的保存路径找到"GB.PcbLib"库并单击选中，单击"打开"按钮，在"可用元件库"对话框中就可以看到"GB.PcbLib"库了，单击"关闭"按钮就可以了。

图2-86　"元件库"选项卡

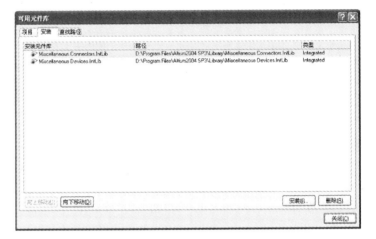

图2-87　"可用元件库"对话框

3）为元件选择添加封装。在原理图设计环境，参照表2-4为元件添加封装。

R1～R4、VD1～VD5用默认的封装就可以了，不用添加修改。

其他元件添加封装的操作方法如下：

① 双击需要添加封装的元件，会弹出如图2-89所示的"元件属性"对话框。选择该对话框右下方的"Footprint"字符，单击"删除"按钮，会弹出"确认"对话框，单击"Yes"按钮即可删除当前默认的封装。

② 删除之后单击"追加"按钮，出现图

图2-88　"打开"对话框

2-90所示的对话框。在该对话框中模型类型选择"Footprint"，单击"确认"按钮，弹出如图2-91所示的对话框，在对话框的"名称"文本框中输入要用的元件封装名（如"TO-92"），元件的封装图形会出现在黑色窗口中，表示添加成功，单击"确认"按钮完成添加工作。

图 2-89 "元件属性"对话框

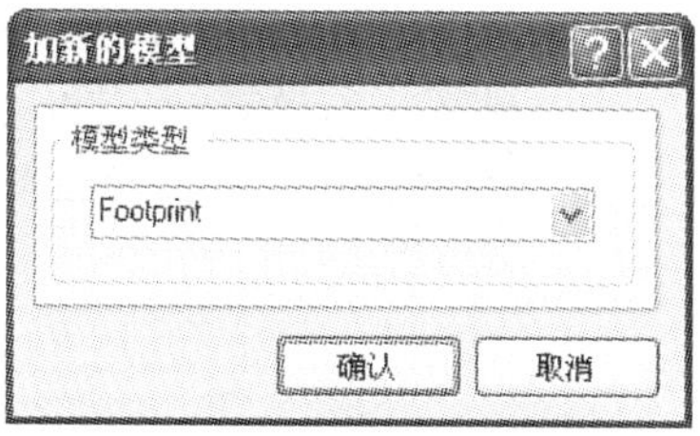

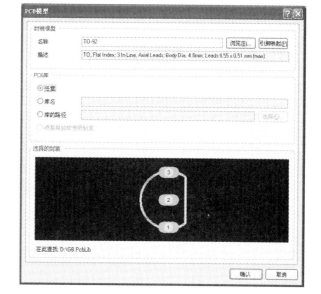

图 2-90　追加窗口

图 2-91　输入元件封装名

表 2-4　封装库名称及封装在库中名称表

标识符	注释	所在封装库名称	封装在库中名称
VT1	D880	GB.PcbLib	TO-220
VT2	8050	GB.PcbLib	TO-92
VT3	8050	GB.PcbLib	TO-92
VD1	无	Miscellaneous Devices.IntLib	DI010.46-5.3x2.8
VD2	无	Miscellaneous Devices.IntLib	DI010.46-5.3x2.8
VD3	无	Miscellaneous Devices.IntLib	DI010.46-5.3x2.8

（续）

标识符	注释	所在封装库名称	封装在库中名称
VD4	无	Miscellaneous Devices.IntLib	DIO10.46-5.3x2.8
VD5	2V2	Miscellaneous Devices.IntLib	DIO10.4G-5.3x2.8
R1	2k	Miscellaneous Devices.IntLib	AXIAL-0.4
R2	680	Miscellaneous Devices.IntLib	AXIAL-0.4
R3	150	Miscellaneous Devices.IntLib	AXIAL-0.4
R4	330	Miscellaneous Devices.IntLib	AXIAL-0.4
C1	2200μ	Miscellaneous Devices.IntLib	CAPPR5-5x5
C2	47μ	Miscellaneous Devices.IntLib	CAPPR2-5x6.8
C3	470μ	Miscellaneous Devices.IntLib	CAPPR5-5x5
W	2k	Miscellaneous Connectors.IntLib	HDR1X3
FR	无	Miscellaneous Devices.IntLib	RAD-0.1
T	无	Miscellaneous Devices.IntLib	无

4）在"稳压电源.PRJPCB"项目中追加 PCB 文件，文件命名为"稳压电源.PcbDoc"。

5）在 PCB 设计环境绘制电路板外形边框。

单击"稳压电源.PcbDoc"选项卡，切换到 PCB 设计环境。

单击软件下方的"Keep-Out Layer"选项卡，切换到"禁止布线层"。一般规定绘制电路板的外形轮廓要在"禁止布线层"。

单击"查看"→"切换单位"命令，将计量单位切换到公制毫米（mm）。

单击"查看"→"网格"→"设定捕获网格"命令，在弹出的对话框中输入"0.5mm"并单击"确认"按钮，这样鼠标移动一次的距离就是 0.5mm 了。

参照图 2-51 标注的尺寸绘制电路板的外形轮廓，画完后要保存 PCB 文件。图 2-92 所示是画完的效果。

6）原理图更新到 PCB，即载入网络表。

单击"稳压电源.SchDoc"选项卡，切换到原理图设计环境中，如图 2-93 所示。

单击"设计"→"Update PCB Document 稳压电源.SchDoc"命令，会出现"工程变化订单（ECO）"对话框，如图 2-94 所示。

在图 2-94 中，单击"使变化生效"按钮，对原理图进行检查，如果没有错误，在状态、检查中将全部显示√；如果有错误将显示×，这时应单击"关闭"按钮，回到原理图中查找改正错误，直到全部显示√为止。本例的检查结果如图 2-95 所示，全部通过。

7）单击"执行变化"按钮，将改变发送到"稳压电源.PcbDoc"，载入完成后，单击"关闭"按钮，关闭对话框。

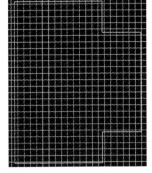

图 2-92　电路板的外形轮廓

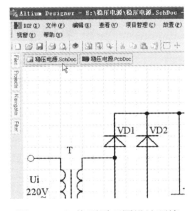

图 2-93　切换到原理图设计环境

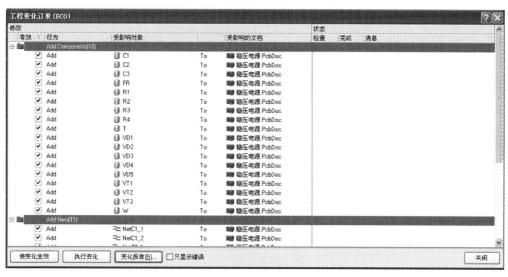

图 2-94 "工程变化订单（ECO）"对话框

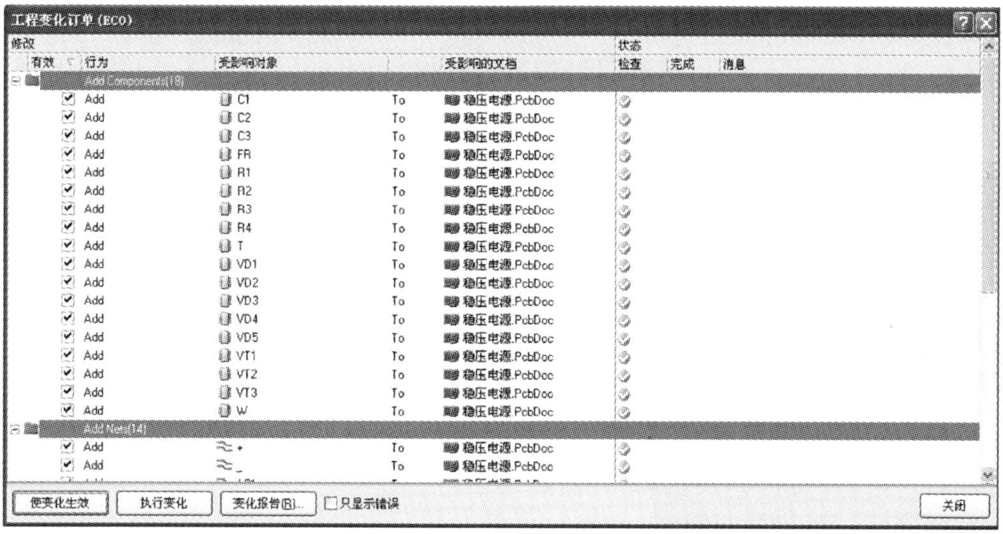

图 2-95 执行后的结果

8）系统自动转到 PCB 编辑界面，这时可以看到，网络表（即图中的飞线）和元件（即封装）加载到了 PCB 编辑界面，如图 2-96 所示。

在图 2-96 中，元件都被包围在一个紫色边框的矩形空间内，这个矩形空间称为 ROOM空间。同一个 ROOM 空间的元件为一组，移动 ROOM 空间就可以移动该空间中的所有元件。一般在将原理图转化为 PCB 时系统会将原理图里的元件默认为在一个 ROOM 里，主要是方便对元件进行管理。如果不需要 ROOM 空间，在 ROOM 空间上单击一下，按〈Delete〉键即可删除。本例中可将 ROOM 空间删除。

9）为元件布局。元件布局即调整元件在 PCB 上的位置，使其分布合理美观。

可参照图 2-97 调整元件在电路板的位置，进行布局。布局的基本规则是网络飞线尽量不要交叉重叠。

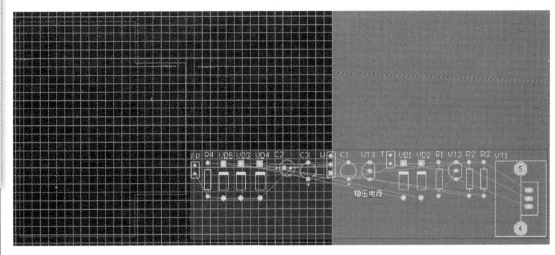

图 2-96 载入网络表后的效果

步骤二：设定布线规则

单击"设计"→"规则"命令，打开"PCB 规则和约束编辑器"对话框，如图 2-98 所示。布线规则的设置主要在"Routing"（布线）类别中，单击"Routing"前的"+"号，可以将"Routing"类别展开，其中的 Width（布线宽度）、Routing Layers（布线层）是重点要设置的。

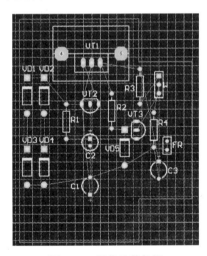

图 2-97 调整元件位置

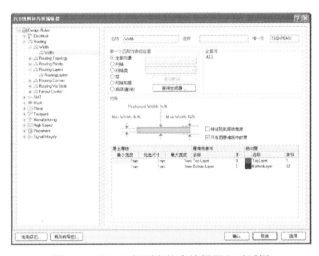

图 2-98 "PCB 规则和约束编辑器"对话框

1）Width（布线宽度）：单击"Width"前的"+"号，可以将其展开；单击展开后出现的"Width"，可以打开布线宽度约束对话框，如图 2-99 所示。通过该对话框可以设置布线的最大宽度、最小宽度和优选尺寸。本例中在"Bottom Layer"层都输入 1mm，即底层走线的宽度一律都为 1mm 宽；"Top Layer"顶层本例中不使用，相应的数值就不用理会了。

2）Routing Layers（布线层）：单击"Routing Layers"前的"+"号，可以将其展开。单击展开后出现的"Routing Layers"，可以打开布线层约束对话框，如图 2-100 所示。在该对话框中，可以设定哪些层可以用来布线。在默认情况下，顶层和底层可以用来布线。本例中是单面布线，所以只选中"Bottom Layer"层。

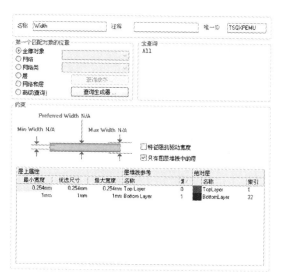

图 2-99　布线宽度约束对话框　　　　图 2-100　布线层约束对话框

步骤三：开始手动交互布线

1）确定要交互布线的层。本例中是在底层进行单面布线，所以要切换到"Bottom Layer"层。单击软件下方的"Bottom Layer"选项卡，切换到"底层"。

注：一般单面布线不做特别声明的，默认都是在底层布线。

2）单击"放置"→"交互式布线"命令后，光标会变成十字形，移动光标到要布线的元件焊盘上，此时焊盘周围出现一个八边形，单击鼠标左键选中该焊盘，此时电路板变暗，如图 2-101 所示。

拖动光标，可以绘制导线，如果导线需要转弯，则在转弯处单击鼠标左键即可。

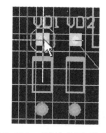

图 2-101　开始交互式布线

拖动光标到与选择的焊盘有电气连接关系（即飞线指示的网络电气连接关系）的另一个焊盘上，当光标中心出现八边形时，先单击鼠标左键，再单击鼠标右键，连接两个焊盘之间的导线就绘制完成了，如图 2-102 所示。这时光标仍为十字形，可以用同样的方法绘制其他导线。

注意，没有电气连接关系的焊盘是无法连接上的，这是因为软件依据飞线指示的网络电气连接关系来指引用户手动布线，这是人机交互的过程，是"交互式布线"一词的由来。

图 2-103 是笔者交互式布线后的效果图，供读者参考。

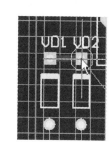

图 2-102　绘制完一条导线

步骤四：为变压器引线端、电源输出引线端放置焊盘

1）参照图 2-104 标示的位置分别放置 4 个焊盘，要求焊盘的内径为 0.8mm、外径为 2.8mm、形状为 Round（圆形）。

2）将 FR 的悬空焊盘与刚才放置的悬空焊盘布线连接起来。

双击刚才放置的悬空焊盘，在弹出的"焊盘"对话框中的"网络"下拉列表中选择"_"，单击"确认"按钮，退出"焊盘"对话框，如图 2-105 所示。

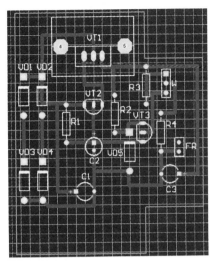

图 2-103 交互式布线后的效果图

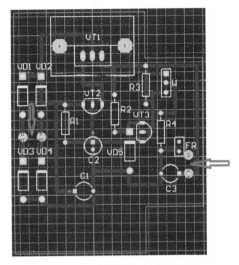

图 2-104 箭头标识处放置焊盘

这时的悬空焊盘已经属于网络"_"了，在 FR 的悬空焊盘与刚才放置的悬空焊盘之间出现了飞线，如图 2-106 所示。这证明了具有相同网络的焊盘具有电气连接关系。

在 FR 的悬空焊盘与刚才放置的悬空焊盘间进行交互式布线。布线结果如图 2-107 所示。

步骤五：放置注释字符

在电路板上合理的放置注释字符，可以起到提示说明的作用，便于产品的检测与维修。

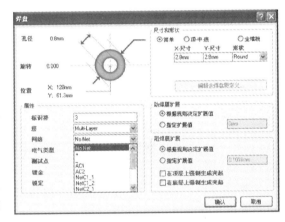

图 2-105 "焊盘"对话框

将工作层切换到"Top OverLay"单击"放置"→"字符串"命令，参照图 2-108，分别放置字符"IN""OUT""+""-"。

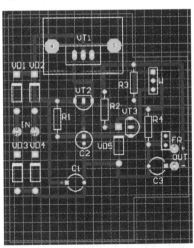

图 2-108 放置字符串及布线最终结果

图 2-106 飞线　　图 2-107 用导线连接飞线

任务拓展

1）在任务一的任务练习中，绘制了"集成电路直流稳压电源"的电路图，图中的 LM317 安装到散热器上后，其封装可以选用前面创建的 TO-220，但是 LM317 的引脚编号与 TO-220 不同，请以封装 TO-220 为基础，在此基础上编辑修改，使其与 LM317 的引脚编号对应（见图 2-109），存储在"GB.PcbLib"库中，命名为 TO-220C。

图 2-109　LM317 引脚图

2）在任务一的任务练习中创建了"LM317.PRJPCB"项目及"LM317.SchDoc"原理图文件，现在要完成下列任务：

① 在"LM317.PRJPCB"项目中追加"LM317.PcbDoc"PCB文件。

② 参考任务实施的活动三中的"步骤一"中的 3）选取元件封装。

③ 绘制电路板的外形轮廓，尺寸要求为 50mm×50mm。

设计成单面电路板，线宽为 1mm，采用手动交互式布线。

任务评价

稳压电源 PCB 的设计评价表，见表 2-5。

表 2-5　稳压电源 PCB 的设计评价表

序号	评价要素	评价内容	评价标准
1	建立元件封装库与元件封装的编辑修改	1. 文件名 2. 保存位置 3. 抽取"Miscellaneous Devices.PcbLib"库 4. 复制元件封装 5. 编辑元件封装	1. 文件名：GB.PcbLib 2. 保存位置：E 盘的"稳压电源"项目中 3. 成功得到"Miscellaneous Devices.PcbLib" PCB 库 4. 操作步骤正确 5. 编辑后的结果符合要求
2	元件封装的创建	1. 添加新元件封装 2. 绘制散热器封装 3. 编辑散热器焊盘 4. 绘制晶体管封装 5. 编辑晶体管焊盘属性	1. 操作步骤正确，名称为"TO-220" 2. 外形尺寸正确、固定用焊盘距离正确 3. 焊盘形状、尺寸、孔径、标识符正确 4. 外形尺寸正确、焊盘距离正确 5. 焊盘形状、尺寸、孔径、标识符正确
3	手动交互布线的实践	1. 交互布线前的准备工作 2. 设定布线规则 3. 手动交互布线 4. 放置需要的焊盘 5. 放置注释字符	1. 7 项准备工作步骤正确 2. 会设置线宽、布线层 3. 掌握手动交互布线的操作方法 4. 会放置焊盘、调整焊盘属性 5. 注释字符含义明确、位置合理
4	团队合作	小组合作精神	1. 小组成员间协作配合好 2. 小组完成任务效率高
5	职业素养	计算机操作	计算机使用操作规范、不使用与课程无关软件

※ 项目小结 ※

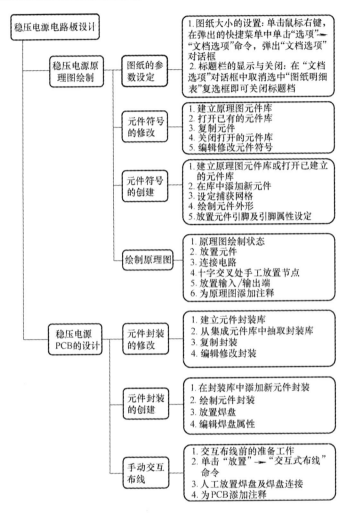

稳压电源电路板设计

稳压电源原理图绘制

- 图纸的参数设定
  - 1.图纸大小的设置：单击鼠标右键，在弹出的快捷菜单中单击"选项"→"文档选项"命令，弹出"文档选项"对话框
  - 2.标题栏的显示与关闭：在"文档选项"对话框中取消选中"图纸明细表"复选框即可关闭标题档

- 元件符号的修改
  - 1.建立原理图元件库
  - 2.打开已有的元件库
  - 3.复制元件
  - 4.关闭打开的元件库
  - 5.编辑修改元件符号

- 元件符号的创建
  - 1.建立原理图元件库或打开已建立的元件库
  - 2.在库中添加新元件
  - 3.设定捕获网格
  - 4.绘制元件外形
  - 5.放置元件引脚及引脚属性设定

- 绘制原理图
  - 1.原理图绘制状态
  - 2.放置元件
  - 3.连接电路
  - 4.十字交叉处处手工放置节点
  - 5.放置输入/输出端
  - 6.为原理图添加注释

稳压电源PCB的设计

- 元件封装的修改
  - 1.建立元件封装库
  - 2.从集成元件库中抽取封装库
  - 3.复制封装
  - 4.编辑修改封装

- 元件封装的创建
  - 1.在封装库中添加新元件封装
  - 2.绘制元件封装
  - 3.放置焊盘
  - 4.编辑焊盘属性

- 手动交互布线
  - 1.交互布线前的准备工作
  - 2.单击"放置"→"交互式布线"命令
  - 3.人工放置焊盘及焊盘连接
  - 4.为PCB添加注释

项目三
单片机下载器电路板设计

※ 项目概述 ※

本项目主要介绍双层电路板的设计，编辑元件参数，制作库中没有的原理图符号，按照给出的元件封装参数制作元件封装，根据要求进行元件布局、布线，完成双面板设计制作。

※ 项目学习目标 ※

通过设计单片机下载器电路板实现以下目标：

1）熟悉原理图元件符号、元件封装的创建与绘制。

2）学习原理图总线、总线分支、网络标号的使用。

3）熟练绘制原理图，熟练掌握绘制原理图时使用的快捷键。

4）学习双面电路板的设计，绘制基本知识。

5）熟练掌握设计 PCB 双面电路板图使用的快捷键，完成双面电路板的绘制。

6）通过单片机下载器电路板的制作，锻炼快速完成电路板的设计、制作能力，以满足专业岗位的需求。

※ 项目学习导图 ※

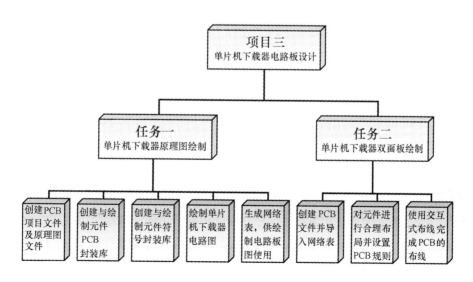

※ 项目实施 ※

任务一 单片机下载器原理图绘制

任务描述

设计一款单片机下载器电路板，根据给出的电路原理图设计出单片机下载器的电路板图，如图 3-1 所示。按图绘制电路原理图，制作元件符号与封装，完成元件符号放置，布局整体协调、直观，模块化布局清晰；放置导线、总线、总线分支、网络标号，完成电气关系连接，导线连接简单明了，符合给出的电路原理图的电气连接关系。

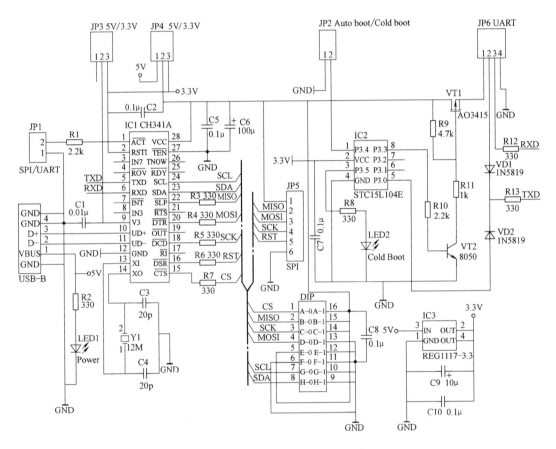

图 3-1 单片机下载器的电路板图

任务分析

绘制如图 3-1 所示的单片机下载器的原理图，根据给出的元件参数图制作库中没有的元件符号、元件封装。参照图 3-1 放置元件符号，放置导线、总线、总线入口、网络标号，检查图纸的电气连接关系是否正确，生成供 PCB 绘制使用的网络表文件。

知识储备

一、元件符号与元件封装

正确识读标准的元件符号，正确识读元件的标准封装；熟练设置管脚间距、管脚直径、焊盘尺寸、体积尺寸等参数，绘制元件符号与封装。

二、总线及相关的知识

1. 总线

总线是指用一根较粗的线代表一组并行的信号线，如图 3-2 所示。

2. 总线分支

总线分支是需要连接到总线上的各线路的入口，如图 3-3 所示。

3. 网络标签

网络标签是将各分支实现电气连接关系的描述，各分支线上同名的网络标签即代表这些分支线是连接在一起的。网络标签必须与导线相连。网络标签有两个作用：一是使复杂的电路原理图变得简单漂亮，避免连线绕来绕去；二是连接总线和总线入口，如图 3-4 所示。

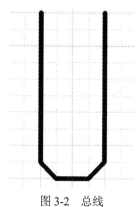

图 3-2　总线　　　　　图 3-3　总线与分支

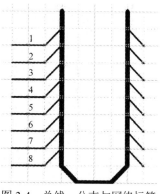

图 3-4　总线、分支与网络标签

任务实施

活动一　建立单片机下载器电路板制作的项目与文件

步骤一：项目建立

启动 DXP 2004 软件，单击"文件"→"创建"→"项目"→"PCB 项目"命令，弹出"选择 PCB 类型"对话框，选择"Protel Pcb"，单击"确认"按钮完成项目文件的创建。

步骤二：原理图文件建立

单击"文件"→"创建"→"原理图"命令，完成原理图文件的创建。

步骤三：元件符号库创建

单击"文件"→"创建"→"库"→"原理图库"命令，完成原理图库的创建。

步骤四：元件封装库创建

单击"文件"→"创建"→"库"→"PCB 库"命令，完成元件封装库的创建。

步骤五：保存

保存并命名创建好的项目、原理图、元件符号库、元件封装库。本书中所有文件以

"xiazaiqi"命名，完成创建的文件列表如图 3-5 所示。

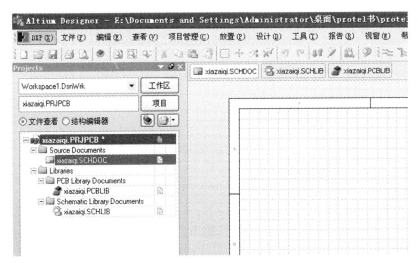

图 3-5　创建的文件列表

活动二　元件封装制作

制作库中不包含的元件封装，通过图 3-1 得知需制作的元件封装见表 3-1。

表 3-1　自制封装的元件清单

元件	原理图标注	封装名称
晶振	Y1	XTAL
USB-B 插座	USB-B	USB-B

步骤一：晶振元件封装制作

制作原理图中晶振 Y1 的元件封装，封装参数如图 3-6 和图 3-7 所示。

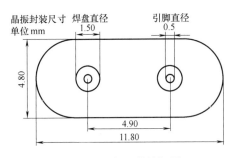

图 3-6　晶振元件俯视图

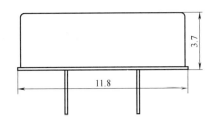

图 3-7　晶振元件主视图

通过图 3-6 与图 3-7 可知晶振外形的长为 11.8mm、宽为 4.8mm、焊盘外径为 1.5mm、孔径为 0.5mm，两引脚间的距离为 4.9mm。

1）打开"xiazaiqi"封装库文件，制作晶振封装，应先将单位转换为毫米，将捕获网格设定为 0.1mm。按〈Q〉键可直接将单位在密耳与毫米之间进行切换，通过左下角的坐标窗口可以查看当前的单位，如图 3-8 和图 3-9 所示。

2）先放置焊盘，按〈P〉键直接调出放置菜单，再次按〈P〉键选择焊盘，按〈Tab〉

键编辑焊盘参数，孔径输入"0.5"，X-尺寸、Y-尺寸均输入"1.5"，标识符输入"1"，单击"确定"按钮完成焊盘设置。在任意位置放置两个焊盘，单击"编辑"→"设定参考点"→"位置"命令，设定绘图的参考点，设定 1 号焊盘的圆点为参考点；设定捕获网格为 0.1mm，将 2 号焊盘放置在 1 号焊盘向右 4.9mm，即坐标显示 X：0mm　Y：0mm　Grid：0.1mm。至此，完成了对焊盘及引脚位置的制作。

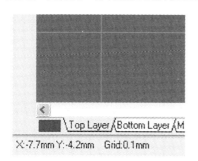

图 3-8　坐标窗口（单位 mm）

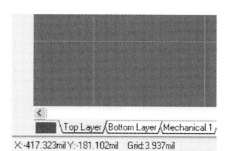

图 3-9　坐标窗口（单位 mil）

3）顶部丝印层（Top Overlay）绘制元器件外形的平面尺寸，分析给出的晶振封装尺寸，需要绘制两个半圆与两条直线，半圆的半径为晶振宽度的 1/2，即 2.4mm。将参考点设为两个焊盘的中间位置，同时也代表晶振的中心位置。层选择"Top Overlay"，即顶部丝印层。先绘制半圆，根据图 3-8 可知，半圆的圆心的 Y 轴值与参考点相同，X 轴位置为 11.8mm/2-2.4（圆半径）=3.5，由此得出左边半圆圆点的坐标为 X：-3.5mm，Y：0mm，右边半圆圆点的坐标为 X：3.5mm，Y：0mm；选择圆，按〈Tab〉键打开圆弧设置界面，设置宽为 0.1mm。移动到坐标 X：3.5mm，Y：0mm，单击确定为圆心；然后确定圆的半径，移动到坐标 X：-5.9mm，Y：0mm，单击完成一个完整的圆，完成的圆如图 3-10 所示。选中这个圆，出现虚线，虚线对应的位置可改变圆的闭合角，光标移动至虚线对应的圆的边缘位置，出现双箭头的光标，单击此处拖动设置为半圆，如图 3-11 所示。

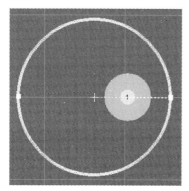

图 3-10　焊盘与丝印放置

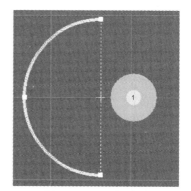

图 3-11　丝印的修改

4）对应的另一半圆也可用同样的方法进行绘制，但较快的方法是将该半圆复制，找到坐标点放置此半圆。先选中绘制好的半圆，按住〈Ctrl+C〉组合键，出现十字光标，该光标为需要复制对象的参考点；设半圆的圆心为参考点，将十字光标放在圆心位置，单击完成复制；按住〈Ctrl+V〉组合键，出现十字光标与被复制的对象，如图 3-12 所示。按空格键可循环改变半圆的方向；设置方向，移动到需要放置半圆圆点，单击完成半圆的放置，如

图 3-13 所示。

5）完成半圆的绘制后，绘制两条直线，按〈P〉键弹出放置菜单，选择直线，然后在两个半圆间绘制两条直线，如图 3-14 所示。

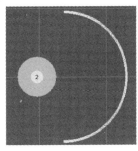
图 3-12　丝印的复制

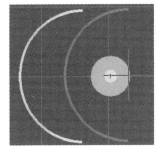
图 3-13　丝印的粘贴

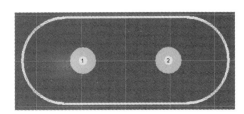
图 3-14　完成绘制的封装

至此，晶振的封装绘制已基本完成，但该元件封装的命名与元件高度还未更改。单击工作区面板的"PCB Library"，弹出 PCB Library 库窗口，从元件列表栏中可以看到一个名为 PCBComponent_1 的元件封装，双击该封装弹出 PCB 库元件对话框，在"名称"文本框中输入"XTAL"，在高度文本框中输入"3.7"（参照图 3-9 元件封装高度），单击"确认"按钮完成晶振封装的制作。

步骤二：USB-B 插座元件封装制作

制作原理图中 USB-B 插座的元件封装，封装参数如图 3-15 所示。

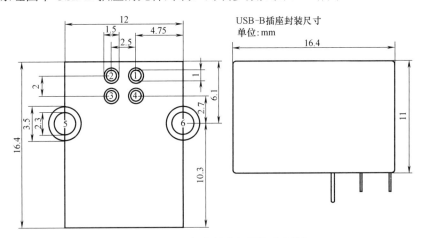
图 3-15　USB 插座的俯视图与左视图

1）通过图 3-15 可知 USB 插座外形长为 16.4mm、宽为 12mm。1、2、3、4 焊盘外径为 1.5mm、孔径为 1mm，1、2 和 3、4 焊盘间距离为 2.5mm，2、3 和 1、4 焊盘间距离为 2mm。5、6 焊盘外径为 3.5mm、孔径为 2.3mm、焊盘间距离为 12mm。

2）打开"xiazaiqi"封装库文件，单击工作区面板中的"PCB Library"，弹出 PCB Library 库窗口，选择新建空元件，在元件列表栏中可以看到默认以 PCBComponent_1 命名的新元件封装。将单位切换为 mm，设定捕获网格为 0.025mm。

3）选择焊盘，按〈Tab〉键设置焊盘的外径、孔径、焊盘编号后在任意位置放置 1、2、3、4 号焊盘；按〈Tab〉键设置 5 号焊盘的外径、孔径、焊盘编号，放置 5、6 号焊盘。将 1

号焊盘圆心设定为参考点，参照图 3-15 给出的尺寸参数完成焊盘的放置，如图 3-16 所示。

4）完成焊盘的放置后，绘制元件外形轮廓，将层选择切换到顶部丝印层（Top Overlay），设定参考点为 5 号或 6 号焊盘，根据图 3-15 给出的尺寸参数放置直线，完成元件外形轮廓的绘制。单击工作区面板的 PCB Library 库窗口，设置该封装的名称与高度；双击该封装，弹出 PCB 库元件对话框，在"名称"文本框中输入"USB-B"，在"高度"文本框中输入"11"，完成 USB-B 元件封装的制作，如图 3-17 所示。

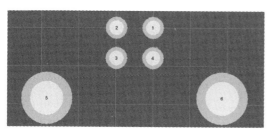

图 3-16　放置焊盘

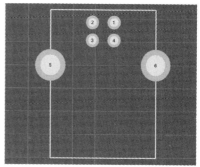

图 3-17　绘制丝印

活动三　元件符号制作

制作库中不包含的元件符号，通过图 3-1 得知需制作的元件符号，见表 3-2。

表 3-2　自制电路符号的元件清单

元 件	原理图标注	封 装 名 称
STC15L104E 芯片	IC1	DIP8
拨码开关	DIP	DIP16
CH341 芯片	IC2	SO28W
USB-B 插座	USB-B	USB-B

步骤一：STC15L104E 芯片元件符号的制作

参照图 3-18 绘制 STC15L104E 芯片的元件符号。

1）打开"xiazaiqi"原理图符号库文件，单击"工具"→"新元件"命令，弹出新元件名称（New Component Name）对话框，该元件名将显示为 PCB 元件的名称，输入 STC15L104E，单击"确定"按钮，完成新元件的建立。先设置捕获网格为 10，按〈P〉键弹出放置菜单，选择矩形，在原理图库中默认的黑色十字点处单击鼠标左键确定第一个点，向黑色十字线的右下角区域移动，该芯片为八角芯片，分两侧，一侧 4 个引脚，引脚间距离为 10mm；先向下移动 5 个网格，拖出矩形，单击完成矩形方框的绘制，如图 3-19 所示。

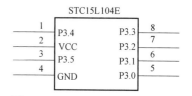

图 3-18　STC15L104E 原理图符号

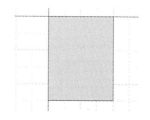

图 3-19　放置矩形

2）完成矩形的放置后，放置 8 个引脚，从放置对话框中选择引脚，按〈Tab〉键弹出引脚属性对话框，显示名称输入 P3.4，标识符输入 1，单击"确定"按钮完成引脚属性设置，按空格键可循环调整引脚位置。参照图3-18引脚1的位置，放置引脚1，如图3-20所示。放置引脚1后按〈Tab〉键继续设置引脚2的属性，显示名称输入VCC，可以看到标识符自动加1，单击"确定"按钮完成引脚属性设置，放置引脚，以此类推，完成8个引脚的放置，如图3-21所示。

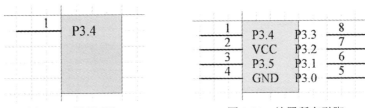

图3-20 放置引脚　　　　　　　　　图3-21 放置所有引脚

3）可以看到图3-21中矩形方框大小不符合引脚位置。单击该矩形，出现绿色调整点，鼠标光标移动到任意绿色点，出现双箭头光标后，拖动边框将矩形调整至合适大小，如图3-22所示。

4）完成图形的绘制后，设置原理图符号的属性。单击工作区面板的SCH Library窗口，在元件列表栏中双击新建的名为STC15L104E的元件符号，弹出元件属性设置；Default Designator为元件在原理图符号中的标识符，输入"IC"；注释输入"STC15L104E"，单击元件的模型窗口中的"追加"按钮，弹出新加的模型窗口，模型类型选择"Footprint"，单击"确认"按钮，弹出PCB模型对话框，单击"浏览"按钮，弹出库浏览窗口，单击"查找"按钮，弹出元件库查找对话框，输入"*DIP8*"，范围选择路径中的库。单击"查找"按钮，软件将在库中查找含有DIP8文字的PCB封装名称，查找到PCB封装后，选择一个PCB封装，单击"确认"按钮，弹出确认窗口，单击"是"按钮，确认添加PCB封装，返回到PCB模型窗口。单击"确认"按钮，回到元件属性设置窗口。单击"确认"按钮，至此已基本完成STC15L104E芯片的原理图符号的制作。

步骤二：拨码开关元件符号的制作

参照图3-23绘制拨码开关原理图符号。

打开原理图库文件，新建元件，命名为DIP，先完成矩形方框的绘制，再按图中的引脚排列和命名完成16个引脚的放置。完成图形与引脚的放置后，打开该元件的属性，Default Designator项的可视选项输入"DIP"选择不可视，注释中输入"DIP"。元件封装单击追加查找名为DIP16的封装并确认添加封装，完成拨码开关原理图符号的制作。完成制作的示例如图3-24所示。

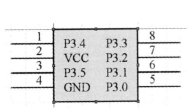

图3-22 调整矩形框至合适大小

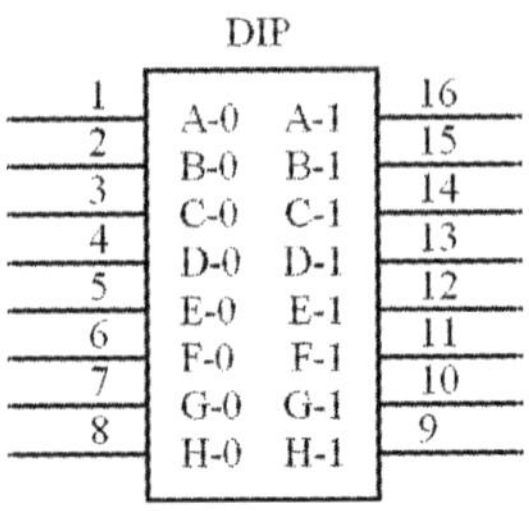

DIP

图3-23 拨码开关原理
图符号

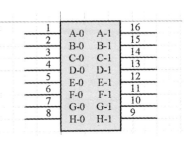

图3-24 绘制原理图符号

步骤三：CH341A 芯片的元件符号制作

参照图 3-25 完成 CH341A 芯片元件符号的制作。

打开原理图库文件，新建元件，命名为 CH341A，先完成矩形方框的绘制，再按图中的引脚排列和命名完成 28 个引脚的放置。完成图形与引脚的放置后，打开该元件的属性，Default Designator 项输入"IC"，注释中输入"CH341A"。元件封装单击追加查找名为 SO28W 的封装并确认添加封装，完成 CH341A 原理图符号的制作。完成制作的示例如图 3-26 所示。

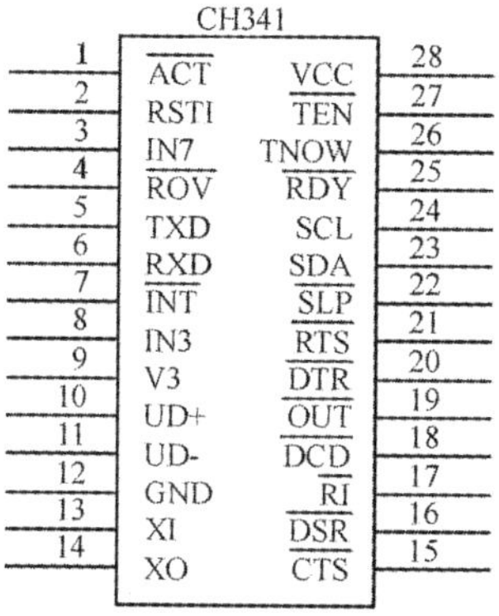

图 3-25　CH341A 芯片原理图符号

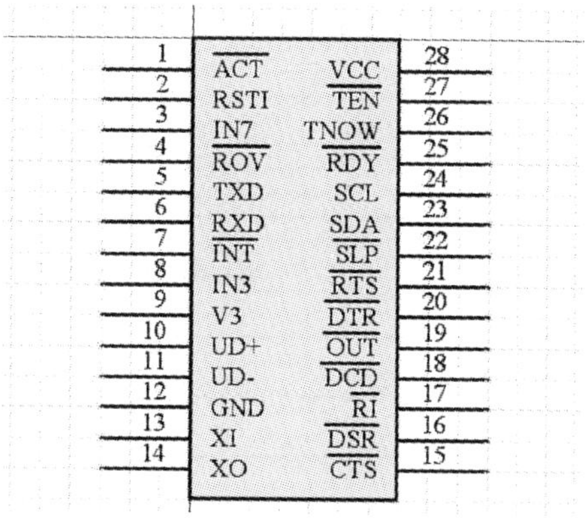

图 3-26　绘制原理图符号

步骤四：USB-B 插座的元件符号制作

参照图 3-27 绘制 USB-B 插座原理图符号。

打开原理图库文件，新建元件，命名为 USB-B，先完成矩形方框的绘制，再按图中的引脚排列和命名完成 6 个引脚的放置。完成图形与引脚的放置后，打开该元件的属性，Default Designator 项的可视选项输入"USB-B"选择不可视，注释中输入"USB-B"。元件封装单击追加选择之前绘制好的 USB-B 封装并确认添加封装，完成 USB-B 插座原理图符号的制作。完成制作的示例如图 3-28 所示。

USB-B

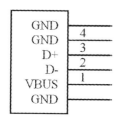

图 3-27　USB-B 型插座原理图符号

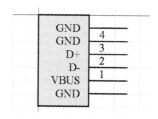

图 3-28　绘制原理图符号

活动四　绘制单片机下载器原理图

参考表 3-3 选择原理图符号和元件封装类型，放置元件；参考图 3-29 完成元件的注释与电路连接，生成供 PCB 制作使用的网络表文件。

完成元件的放置、注释后进行电路连接。通常电路可通过从左至右的方法有条理地划分电路，完成整个电路图的绘制。该电路图可分为两部分绘制，先以左侧的 IC1 为核心，绘制周边电路；再以右侧的 IC2、DIP、IC3 为核心，绘制周边电路。

表 3-3　元件、原理图库、PCB 封装清单

原理图标号	原理图符号库名称	使用的 PCB 封装
R1 ～ R14	RES2	AXIAL0.4
C1 ～ C5、C7、C8、C10	Capacitor	RAD-0.3
C6	Cap Pol2	CAPPR7.5-16x35
C9	Cap Pol	CAPPR5-5x5
VD1、VD2	Diode 1N4001	DIODE-0.4
LED1、LED2	LED3	SMD_LED
JP1、JP2	Header 2	HDR1X2
JP3、JP4	Header 3	HDR1X3
JP5	Header 6	HDR1X6
JP6	Header 4	HDR1X4
VT1	MOSFET-P	SOT23
VT2	2N3904	BCY-W3/B.7
IC1	CH341A	SO28W
IC2	STC15L104E	PDIP8
IC3	REG1117-3.3	ZZ311
DIP	DIP	DIP16
USB-B	USB-B	USB-B

步骤一：以 IC1 为核心左侧电路的绘制

1）绘制左侧电路图，包含了导线、总线、总线入口、网络标签、各种端口的放置与连接，参考如图 3-29。从 USB-B 元件起，完成与 JP1、R1、C1、R2、LED1 的连接，放置 5V、GND 端口；再与 IC1 及周边元件连接并放置 3.3V、5V、GND 端口。

2）总线等相关的绘制。图 3-29 中最粗的连接线就是总线。参照图 3-29 完成总线的绘制。

按〈P〉键，弹出放置菜单，选择"总线"，如图 3-30 所示。在绘制过程中，若总线需绘制 45° 斜线时，可按住〈Shift〉键的同时按空格键转换为自由角度后，绘制斜线，如图 3-31 所示。完成总线的绘制后，按〈P〉键选择放置总线入口，如图 3-32 所示。参照图 3-29 完成放置总线入口。完成总线入口的放置后，按〈P〉键选择网络标签，如图 3-33 所示。按〈Tab〉键，弹出"网络标签"对话框，输入网络名称，如图 3-34 所示。参照图 3-35 完成网络标签的放置。完成的电路图如图 3-36 所示。要注意，网络标签若与元件原理图符号引脚直接相连不会产生电路连接关系。

3）图 3-1 中有 TXD、RXD 两个网络标签，但没有总线和总线入口，这些命名相同的分支线也是通过网络标签连接在一起的，具有实际的电气连接关系，较少的不便连接的导线可以用该方法使用网络标签实现电气连接关系。

— 68 —

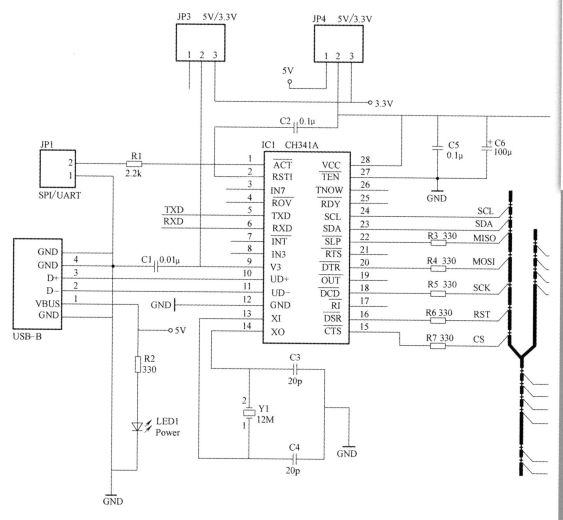

图 3-29 左侧 CH341A 为核心的电路图

图 3-30 放置总线菜单

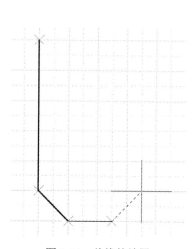

图 3-31 总线的放置

图 3-32 总线入口的放置

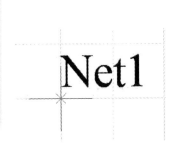

图 3-33 网络标签的放置

图 3-34 "网络标签"对话框

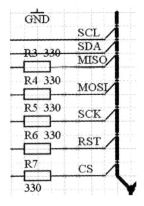

图 3-35 完成放置的总线、总线入口与网络标签

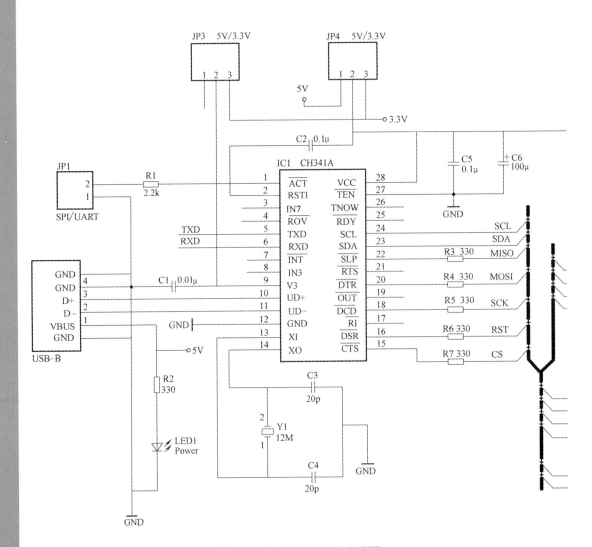

图 3-36 完成绘制的左侧电路图

步骤二：右侧电路图的绘制

右侧电路图同样包含了导线、总线、总线入口、网络标签、各种端口的放置与连接，如图 3-37 所示。按照图 3-38 所示的电路连接关系绘制电路图。至此，电路原理图全部绘制完毕。

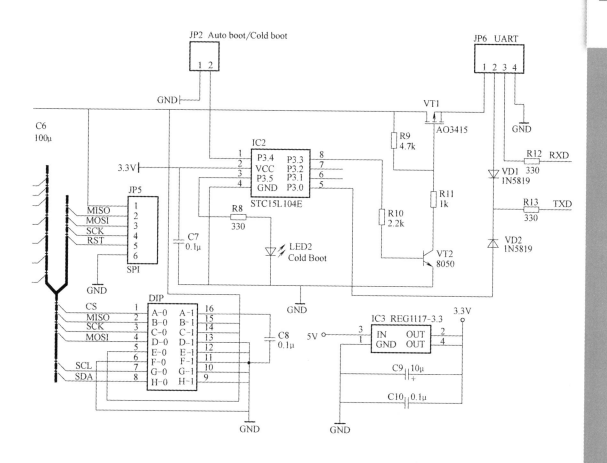

图 3-37　右侧以 STC15L104E 为核心的电路图

步骤三：网络表文件的生成

完成全部电路图的绘制后，即可生成供 PCB 绘制的网络表文件。单击"设计"→"设计项目的网络表"→"Protel"命令，如图 3-39 所示。单击工作区面板的 Projects，在弹出的窗口中展开 Generated 后，展开 Netlist Files 可以看到 xiazaiqi.NET 文件，如图 3-40 所示。双击该文件即可打开网络表文件，单击"保存"按钮可以保存网络表。

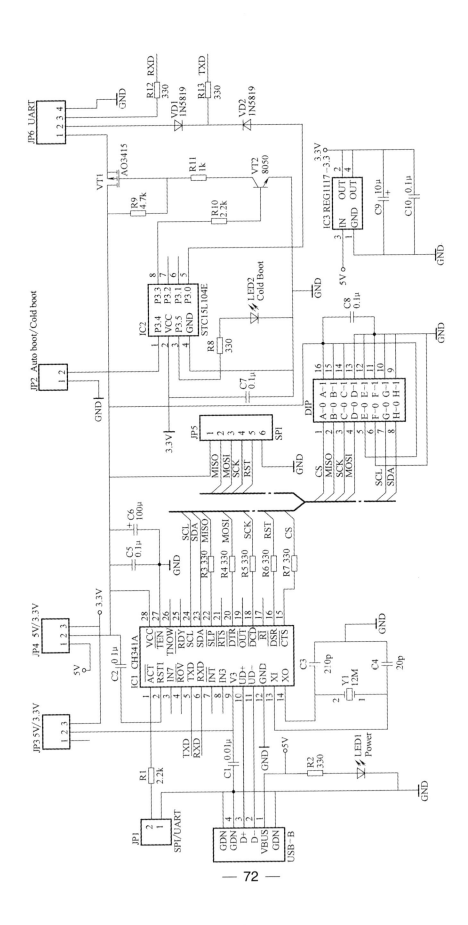

图 3-38　完成绘制的全部电路图

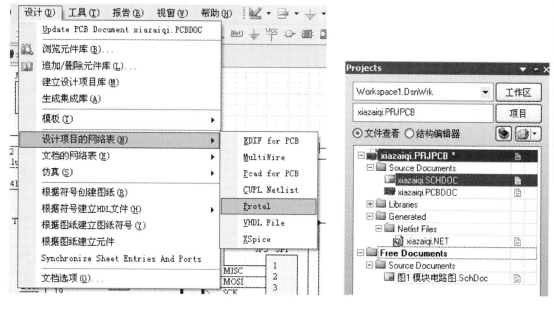

图 3-39　网络表菜单　　　　　　　　　图 3-40　网络表文件查看

任务拓展

根据任务所学知识，绘制 51 单片机最小系统电路图，要求使用总线等相关方法，如图 3-41 所示。

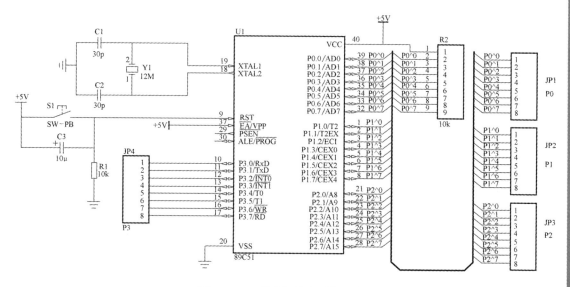

图 3-41　51 单片机最小系统电路图

任务评价

单片机下载器原理图绘制评价表，见表 3-4。

表 3-4　单片机下载器原理图绘制评价表

序号	评价要素	评价内容	评价标准
1	总线的知识储备 项目的建立 原理图文件与原理库和封装库的建立	1. 总线的知识储备 2. 建立的文件是否在项目中 3. 原理图库与封装库建立	1. 能描述出总线、总线入口、网络标签的定义 2. 检查项目栏中二级目录下是否有新建的文件 3. 打开原理图文件检查是否存在新建的库
2	元件封装与原理图符号的创建	1. 添加新的元件封装 2. 绘制元件封装 3. 添加新的元件原理图符号 4. 绘制元件原理图符号	1. 添加并正确命名封装 2. 焊盘直径与焊盘间距尺寸符合封装要求 3. 添加并正确命名原理图符号 4. 原理图符号引脚名称与引脚标号正确
3	原理图的绘制	1. 放置元件与添加元件封装 2. 修改元件编号与元件值 3. 分区域元件布局 4. 使用总线方式与导线完成电路连接 5. 网络表的生成	1. 正确选取、放置元件，添加该元件对应的封装 2. 正确设置元件编号与元件值，元件编号不可重复 3. 元件位置摆放合理、适合连线 4. 总线的合理使用与正确标号，电路连接与网络标号的正确性 5. 正确生成供 PCB 使用的网络表，查看网络表的网络关系
4	团队合作	小组合作精神	1. 小组成员间协作配合好 2. 小组完成任务效率高
5	职业素养	计算机操作	计算机使用操作规范、不使用与课程无关软件

任务二　单片机下载器 PCB 双面板绘制

任务描述

本任务完成下载器 PCB 双面电路板的绘制，如图 3-42 所示。要求元件布局合理，美观；布线符合给出的线宽要求，线间距符合给出的线间距宽度要求，布线美观、整齐。

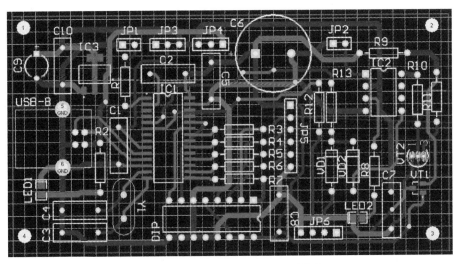

图 3-42　单片机下载器 PCB 板样图

任务分析

要完成单片机下载器 PCB 双面板的绘制，需掌握 PCB 双面板的相关知识。首先在 PCB 文件中进行网络表文件的导入，得到元件与网络连接关系后，进行元件合理布局，然后再完成 PCB 的布线。该电路比前两个项目中的电路复杂，可参照电路将元件进行划分，逐一完成布局、布线。

知识储备

一、双面板

双面板（Double-Sided Boards）的两面都有布线。不过要用上两面的导线，必须要在两面间有适当的电路连接才行。这种电路间的"桥梁"叫作导孔（via）。导孔是在 PCB 上，充满或涂上金属的小洞，它可以与两面的导线相连接。因为双面板的面积比单面板大了一倍，而且布线可以互相交错（可以绕到另一面），所以更适合用在比单面板更复杂的电路上。

二、层

1. 顶层（Top layer）

在双面板中，顶层即为电路板顶部的铜箔与贴片元件的焊盘层，绘制时用红色线条表示。

2. 底层（bottom Layer）

底层即为电路板底部的铜箔和非通孔焊盘层，绘制时用蓝色线条表示。

3. 机械层（Mechanical）

机械层用于标记尺寸，一般制作实际电路板时是忽略的，可作为图纸注释。

4. 顶部丝印层（Top Overlay）

电路板正面的字符、元件的型号、外形轮廓等都标注在该层。

5. 禁止布线层（Keep-Out layer）

禁止布线层即定义在布电气特性的铜一侧的边界。也就是说，先定义了禁止布线层后，在以后的布线过程中，所布的具有电气特性的线不可以超出禁止布线层的边界。一般禁止布线层即为电路板的平面大小。

6. 多层（Multi-Layer）

多层即为两层以上，通孔都应放置在多层（如通孔焊盘、导孔）。在双面电路板中，在顶层和底层会出现同样的放置到多层的焊盘、通孔。

任务实施

活动一 创建 PCB 文件，装载网络表，完成元件布局

步骤一：创建 PCB 文件，装载网络表

1）建立原理图文件。单击"文件"→"创建"→"PCB 文件"命令，完成 PCB 文件的创建。

2）装载网络表。完成新建 PCB 文件，选择设计菜单中的"Import Changes From

xiazaiqi.PRJPCB"命令，弹出如图 3-43 所示的对话框，单击"使变化生效"按钮，再单击"执行变化"按钮，执行变化完成后选中"只显示错误"复选框，显示无错误后，单击"关闭"按钮，完成网络表的装载。

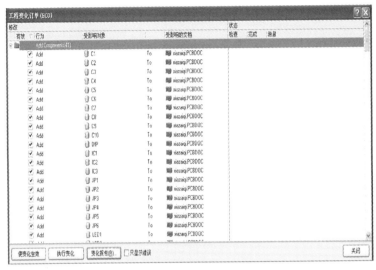

图 3-43　装载网络表对话框

步骤二：完成元件布局

1）完成网络表的装载后可以看到 PCB 绘图区域没有任何变化，按〈Page Down〉键缩小图纸即可看到导入的元件，按〈V〉键，再按〈F〉键，回到整个 PCB 板视图大小。

2）层选择 Keep-Out Layer，选择直线，在网格内绘制一个最大的闭合矩形。单击工具菜单，选择放置元件，选择"自动布局"，弹出"自动布局"对话框，选中"分组布局"单选按钮，选中"快速元件布局"复选框，如图 3-44 所示。单击"确认"按钮进行自动布局，自动布局效果如图 3-45 所示。自动布局只是初步完成了元器件的布局，要绘制出元件布局更合理、尺寸更小的电路板，还需要根据电路原理图进行手动布局调整。

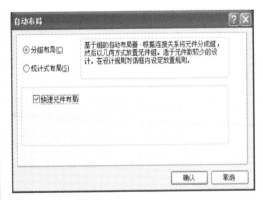

图 3-44　"自动布局"对话框

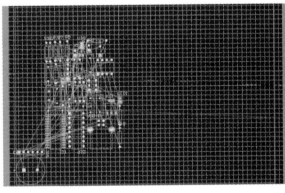

图 3-45　自动布局效果

3）缩小原理图。删除左下角自带的如图 3-46 所示的绿色矩形 PCB 框，再进行元件布局，参考原理图从左到右完成布局。要注意 USB-B 元件应放置在外侧，为方便布线要保持一定的元件间距。布局参考如图 3-47 所示。

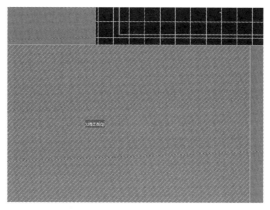

图 3-46　自带的 PCB 边框

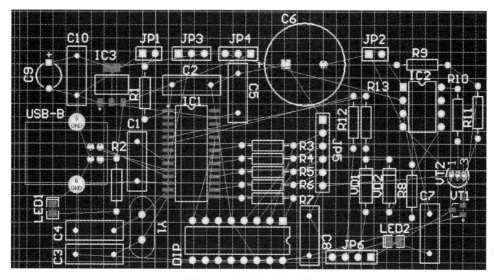

图 3-47　手动布局参考图

活动二　设置 PCB 规则

步骤一：设置双面电路板与线间距

要制作双面电路板，需在规则里将顶层和底层都选择为允许布线层。单击"设计"→"规则"命令，弹出"PCB 规则和约束编辑器"对话框，在左侧项目栏 Routing 中选择"Routing Layers"，在右侧窗口"允许布线"栏中勾选 Top Layer 和 Bottom Layer，如图 3-48 所示。线间距的设置在 Electrical 项目中的 Clearance 选项中，最小间隙设置为0.5mm，单击"适用"按钮保存设置，如图 3-49 所示。

图 3-48　PCB 层设置对话框

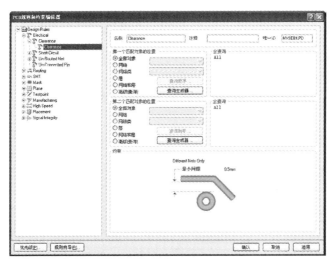

图 3-49 PCB 线间距设置对话框

步骤二：设置布线宽度

　　根据网络不同设置不同的布线宽度。打开"PCB 规则和约束编辑器"对话框，选择 Routing 项目中的"Width"选项，将 Min Width（最小线宽）设置为 0.5mm、Preferred Width（默认线宽）设置为 0.5mm、Max Width（最大线宽）设置为 1mm，如图 3-50 所示。该项目设置的是所有网络线宽，要分类设置线宽需新建规则。在"Width"选项处单击鼠标右键，在弹出的快捷菜单中选择"新建规则"选项，如图 3-51 所示。单击"新建规则"选项，新建默认名为 Width_1 的线宽规则，在右侧名称栏中将规则命名为 5V，第一个匹配对象位置选择网络，在下拉菜单中选择"5V"网络，将 Min Width（最小线宽）设置为 0.5mm、Preferred Width（默认线宽）设置为 1mm、Max Width（最大线宽）设置为 2mm，如图 3-52 和图 3-53 所示。按此方法依次新建 3.3V 和 GND 网络，线宽与 5V 网络相同，设置完成后单击"适用"按钮保存线宽度设置。

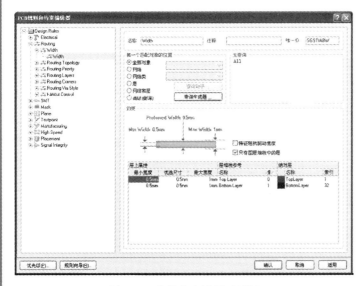

图 3-50 布线宽度设置对话框

图 3-51 新建布线宽度菜单

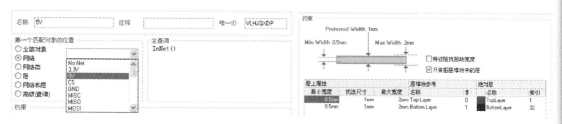

图 3-52　布线宽度匹配对象设置　　　　　图 3-53　设置匹配对象的宽度

步骤三：设置过孔规则

打开"PCB 规则和约束编辑器"对话框，单击"Routing"→"Routing Via- Style"→"RoutingVias"，约束选项中过孔直径输入"1"，过孔孔径输入"0.3"，如图 3-54 和图 3-55 所示。

图 3-54　对话框中过孔设置选项　　　　　图 3-55　过孔规则设置界面

活动三　完成电路板布线

1）完成 PCB 规则设置后，采用交互式布线方式完成 PCB 布线。布线前，先在左下角选择要布线的层，然后选择交互式布线；从左至右布线，当布线需要转换层时，按〈Tab〉键弹出交互式布线对话框，在层的下拉菜单中选择需要布线的层，如图 3-56 所示。单击"确定"按钮放置过孔并布线，如图 3-57 所示。

图 3-56　交互式布线对话框

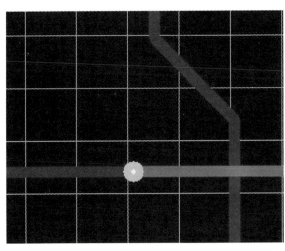

图 3-57　放置过孔

2）蓝色为电路板底层布线，红色为电路板顶层布线，如图 3-57 所示。若底层布线遇到阻碍，便可通过放置过孔转为顶层布线，顶层布线同理可转到底层布线。注意，如果 IC1、IC3 等贴片元件的焊盘直径和间距较小，布线时一般不超过焊盘尺寸。例如，IC1 的焊盘宽度为 0.6mm，布线宽度改为 0.5mm 即可。完成所有布线后，删除之前的禁止布线层矩形框，可依据完成的布线和实际使用重新绘制矩形边框。完成绘制边框后可根据固定需要绘制通孔，以方便电路板固定使用，参照图 3-58。

3）按上面的规则设置 PCB 后，同样也可采用自动布线的方法完成双面板的布线。自动布线完成后，还可手动对布线进行修改。

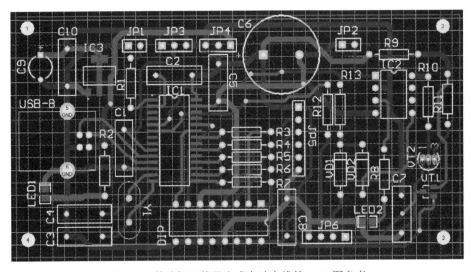

图 3-58　单片机下载器完成自动布线的 PCB 图参考

任务拓展

通过学习双面板的布线规则设置，完成 51 单片机最小系统的 PCB 双面布线。要求电路板尺寸不大于 70mm×70mm；+5V 和 GND 线宽为 1mm，其他线宽为 0.8mm，如图 3-59 所示。

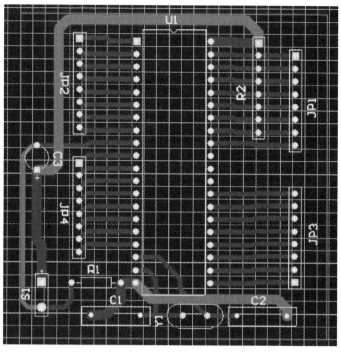

图 3-59　单片机最小系统完成布线的 PCB 图参考

任务评价

单片机下载器 PCB 双面板绘制评价表，见表 3-5。

表 3-5　单片机下载器 PCB 双面板绘制评价表

序号	评价要素	评价内容	评价标准
1	双面板与各个层的知识储备 PCB 文件的建立	1. 双面板的含义 2. 各个层的定义 3. 建立的文件是否在项目中	1. 准确描述双面板与单面板的区别、优势 2. 准确描述各个层的作用与使用规范 3. 新建的 PCB 文件须在该项目目录下
2	装载网络表与设置 PCB 规则	1. 装载原理图生成的网络表 2. 设置布线宽度 3. 设置线间距 4. 设置过孔规则	1. 正确导入原理图生成的网络表文件，在 PCB 中得到文件 2. 根据网络设置不同线宽 3. 根据电路安全间距要求设置最小线间距 4. 根据布线需求设置过孔大小的规则
3	完成双面板布线与电路板边界绘制	1. 交互式布线 2. 顶层与底层布线 3. 过孔的放置 4. 电路板边界绘制 5. 电路板固定孔放置	1. 使用交互式布线完成双面板的布线 2. 选择布线在顶层或底层 3. 在布线时放置过孔并切换层 4. 在禁止布线层绘制闭合的边框 5. 固定孔位置与直径符合要求
4	团队合作	小组合作精神	1. 小组成员间协作配合好 2. 小组完成任务效率高
5	职业素养	计算机操作	计算机使用操作规范、不使用与课程无关软件

※ 项目小结 ※

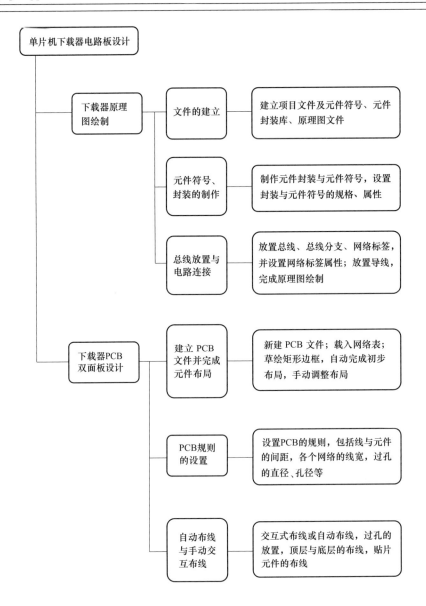

学习单元二

AutoCAD 2009 的基本功能

※ 学习导读 ※

　　本单元讲述 AutoCAD 2009 的基本功能，由以下 4 个项目组成：绘制耳机插头平面图，绘制、标注零件三视图，绘制机房平面图和绘制连接管件三维图。通过完成以上 4 个项目即可基本掌握该软件的基本操作。

※ 项目具体设计示意图 ※

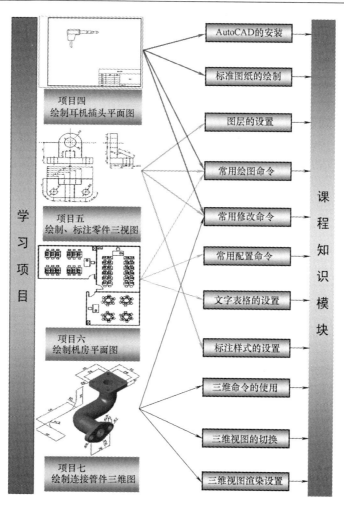

项目四
绘制耳机插头平面图

※ 项目概述 ※

计划生产一款耳机插头，工程师已设计出草图图样，现需要技术人员根据草图绘制出耳机插头平面图。要求绘图环境为二维绘图环境，按草图样式绘制平面图，文件格式要生成标准的 CAD 文件，并且绘图符合 CAD 制图国家标准（GB/T 14665—2012）。

※ 项目学习目标 ※

通过绘制耳机插头平面图实现以下目标：
1）掌握常用绘图命令的使用方法。
2）掌握常用修改命令的使用方法。
3）掌握图层的设置方法。
4）掌握对象捕捉的设置方法。
5）能够绘制简单的机械图样。
6）能够掌握 AutoCAD 2009 的安装、管理与设置方法。
7）通过绘制耳机插头，学会查阅资料、自主学习，养成认真、踏实的做事态度。

※ 项目学习导图 ※

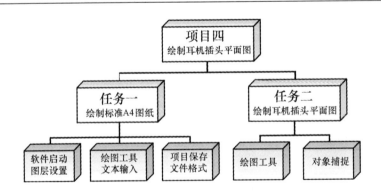

任务一　绘制标准 A4 图纸

任务描述

使用 AutoCAD 2009 绘制出如图 4-1 所示的标准图纸，图纸规格要求为 A4，带标题栏，参照图 4-1 添加文字。项目文件的名称取名为"标准 A4 图纸"，存储在 E 盘的"项目四"文件夹中。

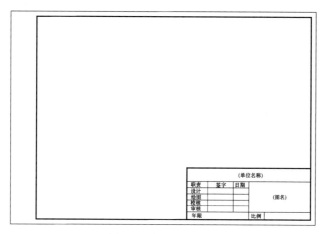

图 4-1　标准 A4 图纸

任务分析

初次使用软件，首先要了解它的安装、管理与设置的相关知识。本任务要求绘制标准 A4 图纸，可通过启动文件、进行图层设置、利用基本绘图工具绘制图纸、输入文本、保存文件等步骤完成标准 A4 图纸的绘制。

知识储备

一、软件安装环境

安装 AutoCAD 2009 时，程序会自动检测 Windows 操作系统是 32 位版本还是 64 位版本。安装 AutoCAD 2009 的软件和硬件需求如下。

1. 软件需求

32 位操作系统：

Microsoft Windows Vista Enterprise

Microsoft Windows Vista Business

Microsoft Windows Vista Ultimate

Microsoft Windows Vista Home Premium

Microsoft Windows XP Professional Edition（SP2）

Microsoft Windows XP Home Edition（SP2）

64位操作系统：

Microsoft Windows Vista Enterprise

Microsoft Windows Vista Business

Microsoft Windows Vista Ultimate

Microsoft Windows Vista Home Premium

Microsoft Windows XP Professional Edition（SP2）

2. 硬件需求

32位处理器：Intel Pentium 4 处理器或 AMD Athlon，2.2 GHz 或更高。

64位处理器：AMD 64 或 Intel EM64T。

32位内存：1 GB（Microsoft Windows XP SP2）或 2 GB（Microsoft Windows Vista）。

64位内存：2 GB。

图形卡：1280×1024 像素 32 位彩色视频显示适配器（真彩色）128MB 或更高，具有 OpenGL 或 Direct3D 功能的工作站级图形卡。对于 Microsoft Windows Vista，需要具有 Direct3D 功能的工作站级图形卡 128MB 或更高，1024×768 像素 VGA 真彩色（最低要求）需要一个支持 Windows 的显示适配器。对于支持硬件加速的图形卡，必须安装 DirectX 9.0c 或更高版本。

注：AutoCAD 2009 三维方面的功能对硬件要求更高。

二、软件安装步骤

1）双击"Setup.exe"文件开始安装，如图 4-2 所示。

图 4-2　软件安装图标

2）单击"安装产品"进入安装界面，如图 4-3 所示。

3）按提示配置安装参数或单击"下一步"按钮（默认安装），如图 4-4 所示。

4）选中"我接受"单选按钮，单击"下一步"铵钮，如图 4-5 所示。

5）在"产品和用户信息"页面中，输入序列号、姓氏、名字等信息，单击"下一步"按钮，如图 4-6 所示。

6）进入激活页面，将获取的激活码输入到文本框内。

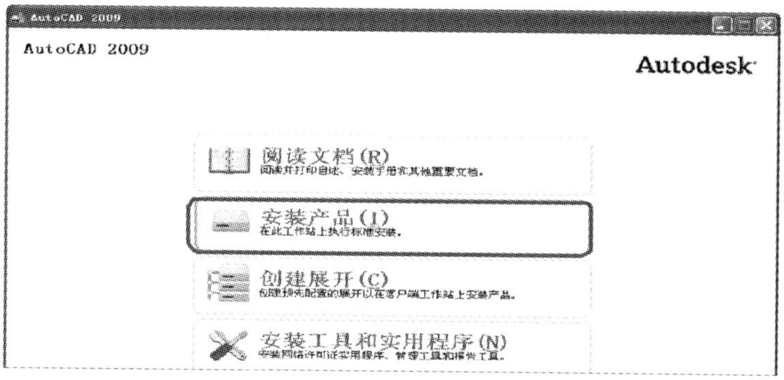

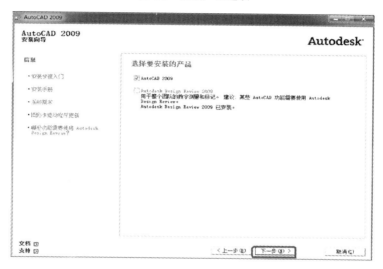

图 4-3　安装产品选项

图 4-4　选择界面

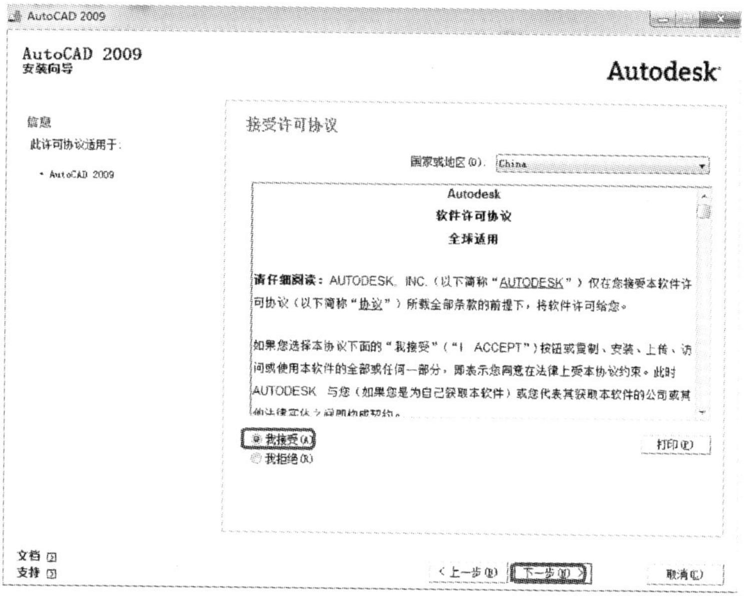

图 4-5　许可协议界面

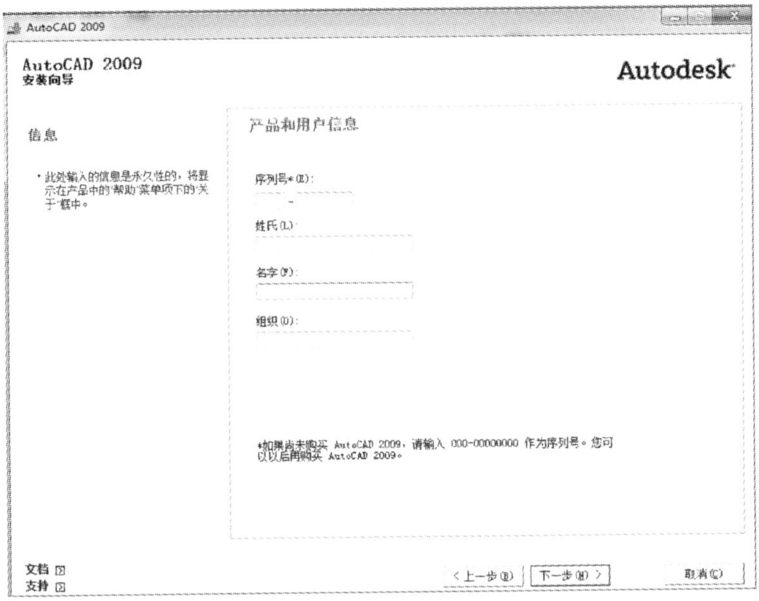

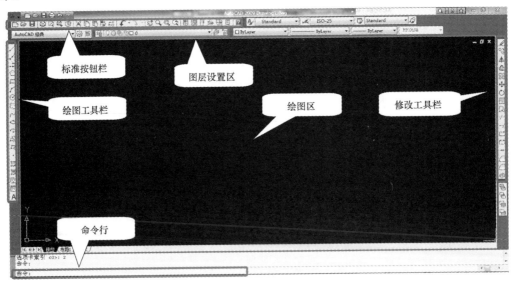

图 4-6　产品和用户信息界面

7）单击"下一步"按钮，完成激活。

三、软件操作界面

下面介绍几个常用的组成部分，其他部分将在后续的任务和项目中进行介绍，如图 4-7 所示。

图 4-7　AutoCAD 2009 界面

四、工作界面的设置

1）颜色方案。

单击 ▲ →"工具"→"选项"命令，在弹出的对话框中单击"显示"选项卡，单击"颜色"按钮，如图 4-8 和图 4-9 所示。

图4-8 工具选项菜单

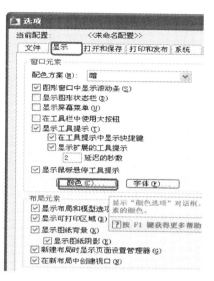

图4-9 "显示"选项卡

在弹出的对话框中的颜色选项里将默认色变为白色，单击"应用并关闭"按钮，绘图区域将变为白色背景，如图4-10和图4-11所示。

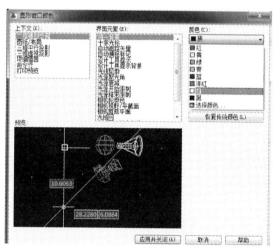

图4-10 "图形窗口颜色"对话框

图4-11 白色背景界面

2）全屏显示。

单击应用程序状态栏上的"全屏显示"按钮，可以将图形显示区域展开为仅显示菜单栏、状态栏和命令窗口。再次单击该按钮可恢复先前设置，如图4-12所示。

图4-12 "全屏显示"按钮

五、坐标输入的概念

世界坐标系是由3个相互垂直并相交的坐标轴X、Y、Z组成的。X轴正方向水平向右，Y轴正方向垂直向上，Z轴正方向垂直屏幕向外，又叫绝对坐标系。

1）绝对坐标。

绝对坐标是以原点（0，0）为基点定位所有的点，它的输入方法是（X，Y）。

注：坐标输入时的逗号","必须要用英文逗号。

例如，起点输入 0，0，下一点输入 5，5，如图 4-13 所示。

2）相对坐标。

相对坐标是指一个点与上一个输入点之间的坐标差。它的输入方法是（@X，Y）。

注：要指定相对坐标，在坐标前面添加一个 @ 符号。

例如，起点输入 0，0，下一点输入 @5，5，下一点输入 @5，0，如图 4-14 所示。

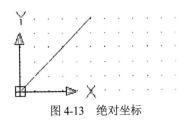

图 4-13　绝对坐标

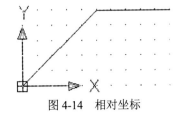

图 4-14　相对坐标

3）绝对极坐标。

绝对极坐标是以原点（0，0）为极点，输入一个距离（称为极径），再加一个角度即可。它的输入方法是（L〈角度〉）。

注：L 代表输入点到极点的距离。

4）相对极坐标。

相对极坐标是以上一操作点为极点，而不是以原点为极点。它的输入方法是（@L〈角度〉）。

注：L 代表输入点到极点的距离。

六、图层的概念

用户将图形中的内容进行分组，把相同类的画在一起，则形成了图层，图层是用来组织和管理图形的一种方式，是方便画图、提高画图效率的方法。

七、标准 A4 图纸绘制流程

标准 A4 图纸的绘制流程包含 6 个具体的绘制步骤，如图 4-15 所示。

1）启动软件。新建一个文件，开始新的绘图。

2）设置图层。

3）常用工具的使用。使用直线工具、矩形工具和剪切工具。

4）绘制标准 A4 图纸。利用绘图工具和修改工具绘制图纸。

5）二维图检查。合格则继续操作，否则跳到"常用工具的使用"步骤重新修改。

6）生成 *.dwg 文件。保存绘图，生成标准 CAD 文件。

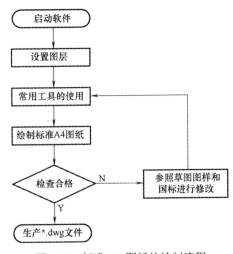

图 4-15　标准 A4 图纸的绘制流程

任务实施

活动一　新建绘图文件

步骤一：启动软件

操作要点：启动应用程序有以下 3 种方式。

1）直接双击 Windows 桌面上的 AutoCAD 2009 图标来启动应用程序，如图 4-16 所示。

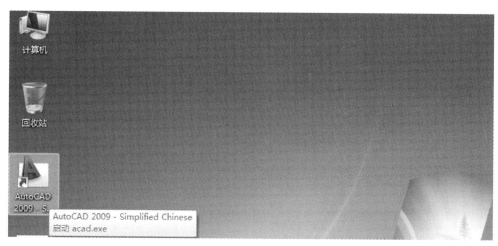

图 4-16　启动 AutoCAD 2009 的快捷方式

2）在 Windows 桌面上单击"开始"→"程序"→"Autodesk"→"AutoCAD 2009"命令即可启动 AutoCAD 2009，如图 4-17 所示。

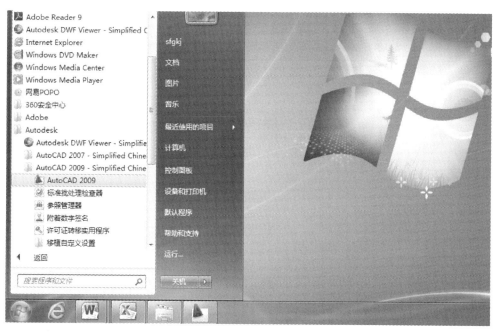

图 4-17　开始菜单启动方式

3）进入 AutoCAD 2009 所在文件夹，双击 acad.exe 启动应用程序，如图 4-18 所示。

图 4-18　acad.exe 文件启动方式

步骤二：设置图层

1）启动图层管理器，如图 4-19 所示。

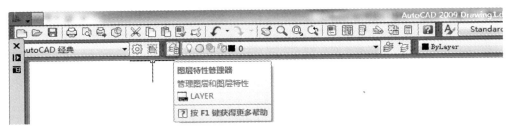

图 4-19　图层管理器按钮

2）单击"新建图层"按钮，如图 4-20 所示。

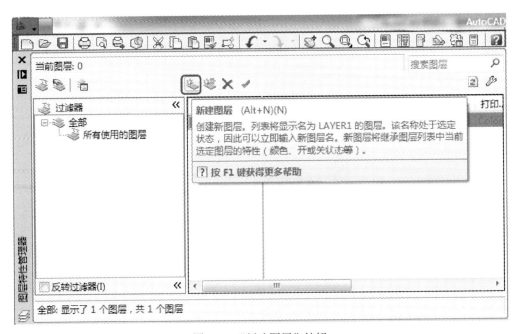

图 4-20　"新建图层"按钮

3）双击并修改图层名称为"细实线"，如图 4-21 所示。

4）再次新建两个图层，并分别更名为"粗实线"和"辅助线"，如图 4-22 所示。

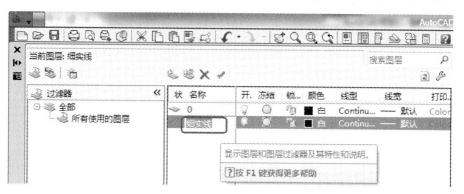

图 4-21　修改图层名称 1

图 4-22　修改图层名称 2

5）单击"粗实线"层的"默认"，弹出"线宽"对话框，如图 4-23 所示。

图 4-23　"线宽"对话框

6）选择"0.30 毫米"，单击"确定"按钮，如图 4-24 所示。

7）单击辅助线层的"■■■"，弹出"选择颜色"对话框，如图 4-25 所示。

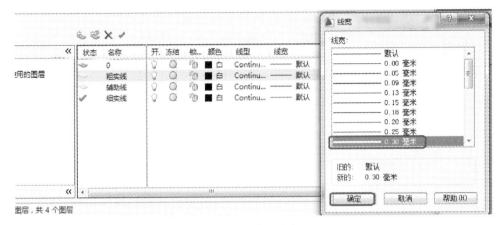

图 4-24　修改线宽

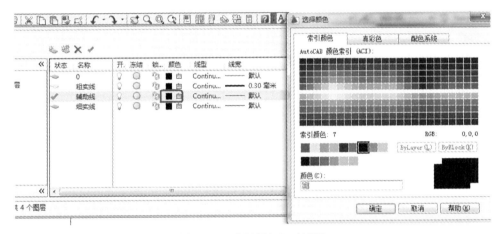

图 4-25　"选择颜色"对话框

8）选择红色，单击"确定"按钮，如图 4-26 所示。

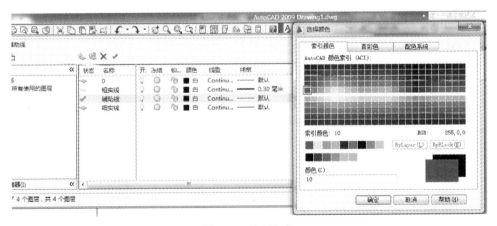

图 4-26　选择红色

9）设置完成的图层如图 4-27 所示。

图 4-27 设置完成的图层

活动二 绘制图纸

步骤一：绘制图纸边框

1）单击矩形工具，如图 4-28 所示。

图 4-28 矩形工具按钮

2）单击绘图区，指定第一个角点，如图 4-29 所示。

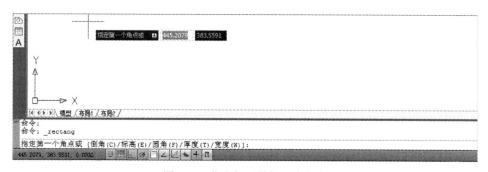

图 4-29 指定矩形的第一个角点

3）在命令行输入"d"，按〈Enter〉键，如图 4-30 所示。

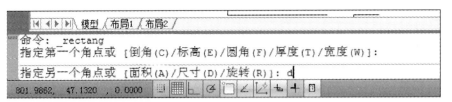

图4-30 输入尺寸命令

4）在命令行输入矩形长度：297，按〈Enter〉键，如图4-31所示。

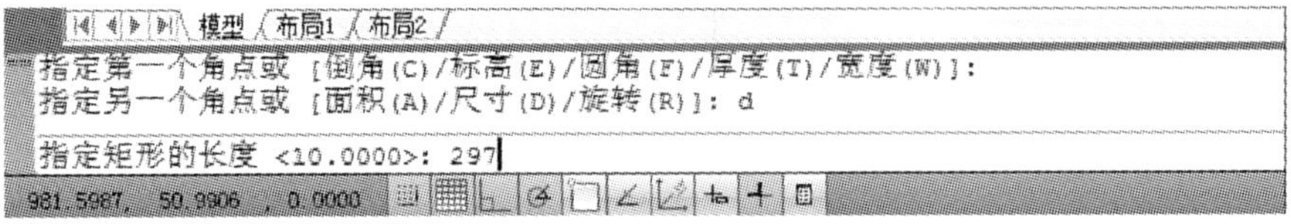

图4-31 输入矩形长度

5）在命令行输入矩形宽度：210，按〈Enter〉键，如图4-32所示。

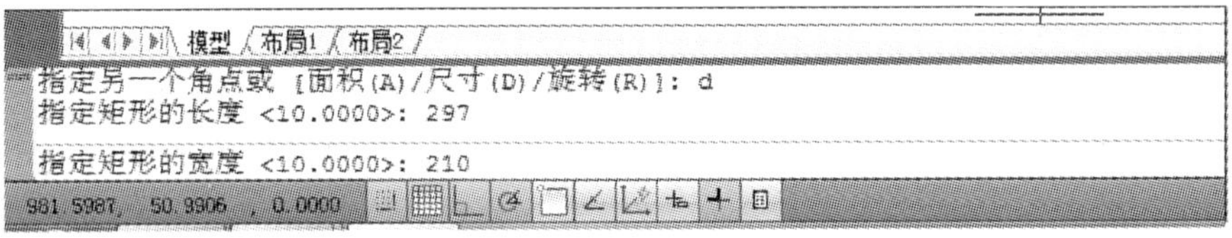

图4-32 输入矩形宽度

6）单击绘图区，指定另一个角点，如图4-33所示。

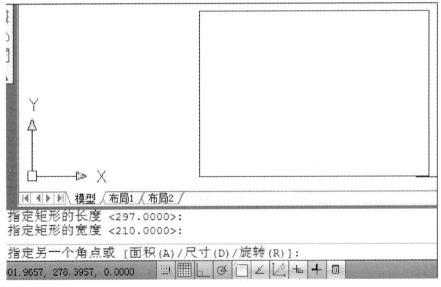

图4-33 指定矩形另一个角点

7）绘制完的矩形如图4-34所示。

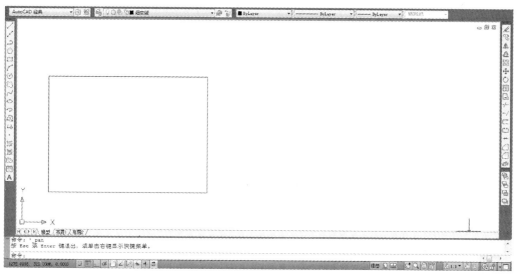

图 4-34 绘制完成的矩形

步骤二：绘制图框线

1）切换图层为"辅助线"，如图 4-35 所示。

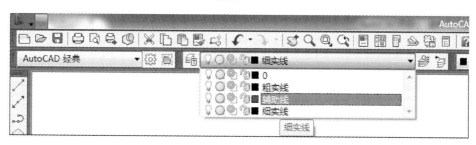

图 4-35 切换图层

2）单击"直线"按钮，如图 4-36 所示。

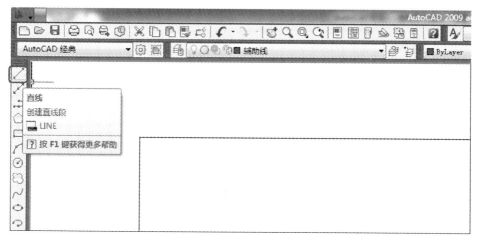

图 4-36 直线工具按钮

3）单击矩形左上角为第一点，如图 4-37 所示。

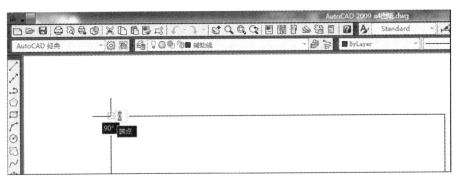

图 4-37 确定线段第一点

4）指定下一点。输入：@25，0，按〈Enter〉键，如图 4-38 所示。

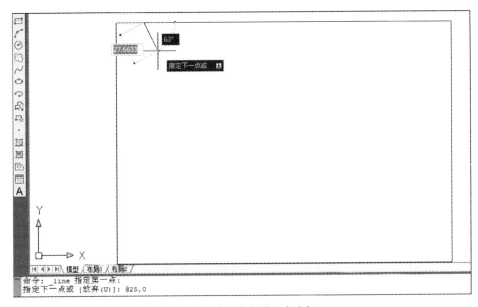

图 4-38 输入线段另一点坐标

5）单击鼠标右键确认，如图 4-39 所示。

图 4-39 完成线段绘制

6）单击直线工具，以上一线段的第二点为起点，如图 4-40 所示。

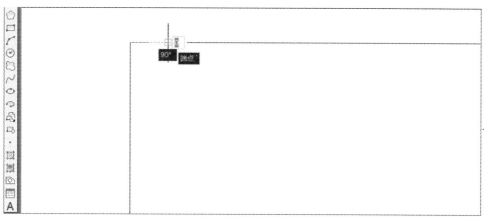

图 4-40　确定线段第一点

7）指定下一点，输入：@0，-5，按〈Enter〉键，如图 4-41 所示。

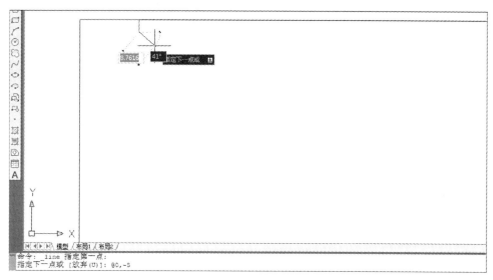

图 4-41　输入线段另一点坐标

8）单击鼠标右键确认，如图 4-42 所示。

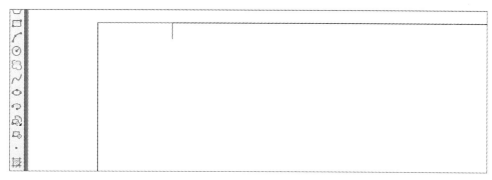

图 4-42　完成线段绘制

9）单击直线工具，单击矩形右下角为第一点，如图 4-43 所示。

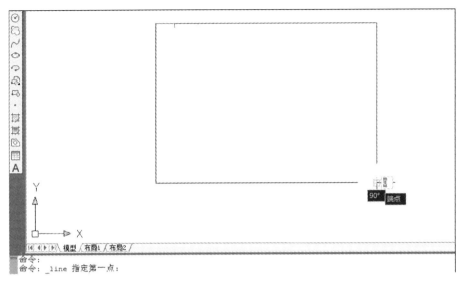

图 4-43　确定线段第一点

10）指定下一点，输入：@-5，0，按〈Enter〉键，如图 4-44 所示。

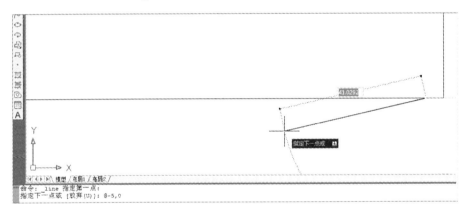

图 4-44　输入线段另一点坐标 1

11）指定下一点，输入：@0，5，按〈Enter〉键，如图 4-45 所示。

图 4-45　输入线段另一点坐标 2

12）更改图层为"粗实线"，如图 4-46 所示。

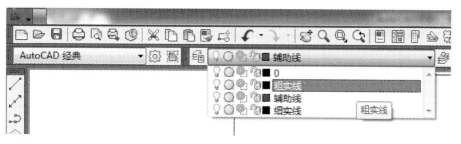

图 4-46　切换图层

13）单击矩形工具，指定第一个角点。

图 4-47　指定矩形第一个角点

14）指定第二个角点，如图 4-48 所示。

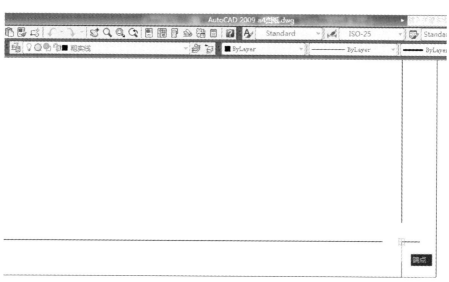

图 4-48　指定矩形第二个角点

15）单击▲→"视图"→"缩放"→"范围"命令，调整图形在绘图区显示完整，如图 4-49 所示。

16）依次单击红颜色的辅助线，并按〈Delete〉键删除，如图 4-50 所示。

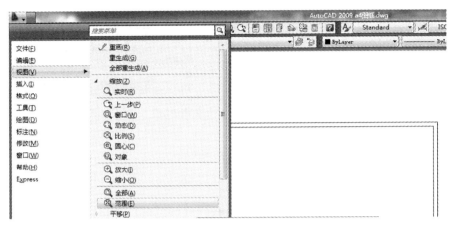

图 4-49　调整图形在绘图区的显示

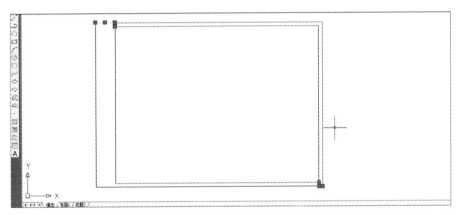

图 4-50　删除辅助线

17）绘制完的图框线如图 4-51 所示。

图 4-51　完成的图框线

步骤三：绘制标题栏

1）利用步骤二中绘制线段的方法，绘制图 4-52 所示的标题栏。

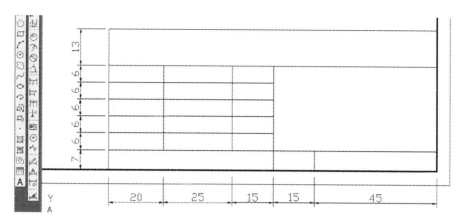

图 4-52　标题栏图例

2）单击文本工具，添加文字，如图 4-53 所示。

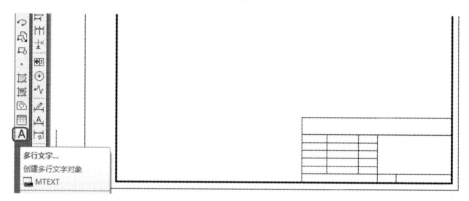

图 4-53　文字工具按钮

3）选中文本输入角点，如图 4-54 所示。

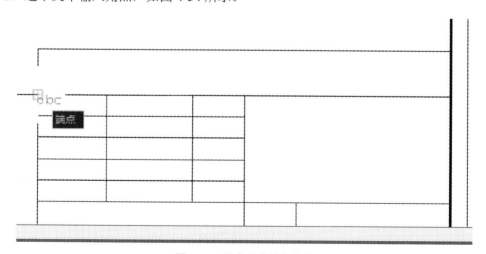

图 4-54　选中文本输入角点

4）选中文本输入另一角点，如图 4-55 所示。

5）输入中文"职责"，如图 4-56 所示。

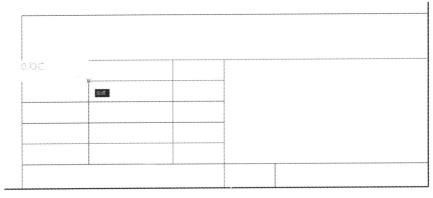

图 4-55　选中文本输入另一角点

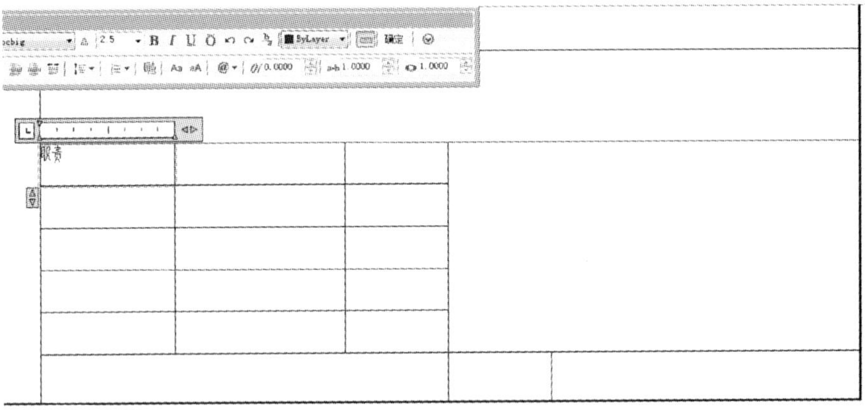

图 4-56　输入文字

6）全选文字，修改字体为"仿宋"，如图 4-57 所示。

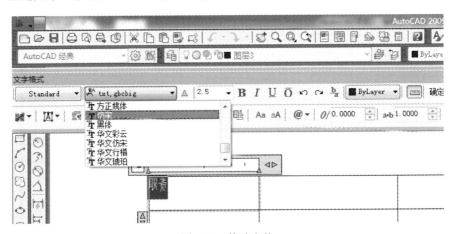

图 4-57　修改字体

7）单击"居中"按钮，如图 4-58 所示。

8）调整完的文字如图 4-59 所示。

9）按照文字输入方法，完成后的标题栏如图 4-60 所示。

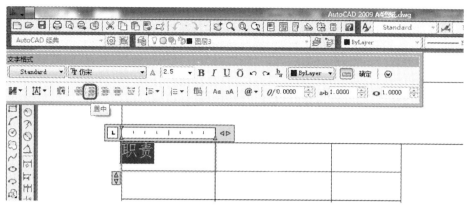

图 4-58　字体居中模式

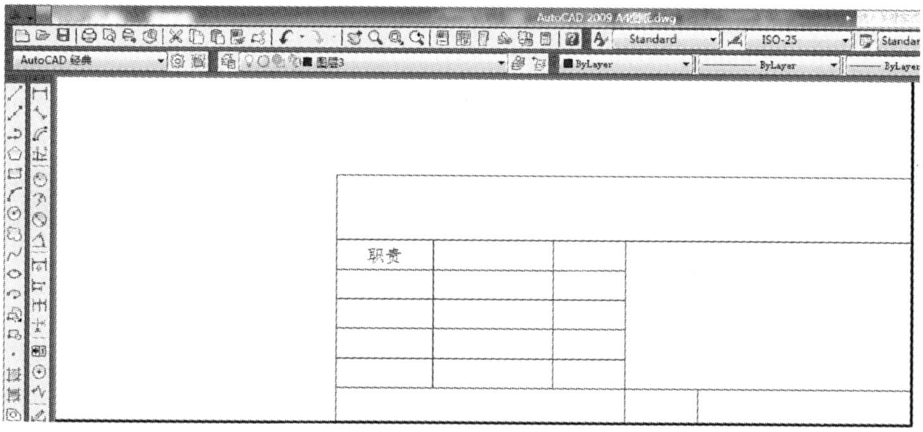

图 4-59　调整完的文字

（单位名称）			
职责	签字	日期	
设计			（图名）
绘图			
校核			
审核			
年限		比例	

图 4-60　完成的标题栏

活动三　检查并保存绘图文件

步骤一：检查绘图

绘制完成的标准 A4 图纸如图 4-61 所示。按照 CAD 绘图标准，检查绘图是否符合规范，如果符合则继续下一步，否则跳转到绘图步骤进行修改。

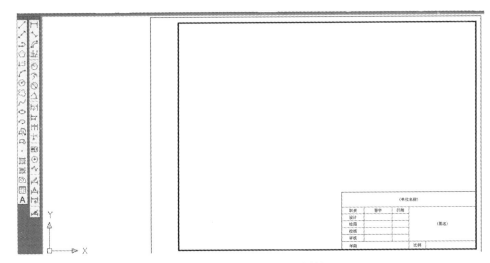

图 4-61　绘制完成的 A4 图纸

步骤二：保存绘图文件

操作要点：保存文件有以下 3 种方式。

1）单击 ▲ →"文件"→"保存"命令，如图 4-62 所示。

图 4-62　保存文件菜单

2）单击工具栏中的"保存"按钮，如图 4-63 所示。

图 4-63　单击"保存"按钮

3）按〈Ctrl+S〉键，如图 4-64 所示。

图 4-64　键盘上的组合键

步骤三：生成 *.dwg 文件

选择保存路径为"E：\ 项目四"，在"文件名"文本框中输入"标准 A4 图纸"，然后单击"保存"按钮，如图 4-65 所示。

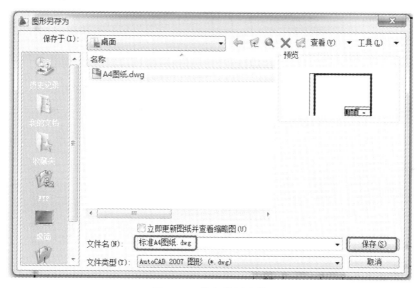

图 4-65　保存绘图文件

知识链接

图纸是机械制造、房屋建筑制造全过程的技术语言，为了便于生产管理、技术管理、技术交流、保证产品的品质，国内以及国际上的众多标准组织制定了许多的标准，图纸幅面就是其中之一。目前，我国执行的这一标准代号为 GB/T 14689—2008，如图 4-66 和图 4-67 所示。

图纸幅面是指图纸宽度与长度组成的图面。绘制图样时，应采用表中规定的图纸基本幅面尺寸，尺寸单位为 mm。基本幅面代号有 A0、A1、A2、A3、A4 五种。

各种图号图纸的长边与短边的比例一致，均为 1.414213562（也就是 2 的平方根）。换句话说，图纸差一号，面积就差一倍，如图 4-68 所示。

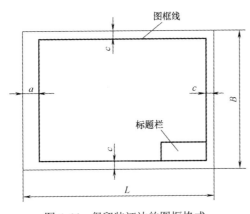

图 4-66　保留装订边的图框格式

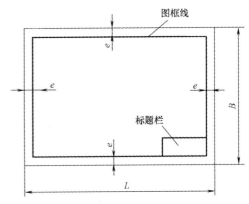

图 4-67　不保留装订边的图框格式

幅面代号	幅面尺寸 B×L/mm×mm	边框尺寸		
		a	c	e
A0	841×1189	25	10	20
A1	594×841	25	10	20
A2	420×594	25	10	20
A3	297×420	25	5	10
A4	210×297	25	5	10

图 4-68　图纸的基本幅面以及边框尺寸

任务拓展

1）新建绘图文件，命名为"标准 A3 图纸"。

2）设置图层，线型参数参照任务一。

3）绘制标准 A3 图纸，不留装订边的图框格式。

4）在标题栏中加上文字注释。

5）保存在 E 盘的"项目四"文件夹中，如图 4-69 所示。

任务评价

绘制标准 A4 图纸评价表，见表 4-1。

表 4-1　绘制标准 A4 图纸评价表

序号	评价要素	评价内容	评价标准
1	绘图文件的建立	1. 绘图文件名 2. 保存位置	1. 绘图文件名：标准 A4 图纸 .dwg 2. 保存位置：E 盘的"项目四"文件夹中
2	图层的设置	1. 图层名称 2. 线型设置 3. 线宽设置 4. 颜色设置	1. 名称：粗实线、细实线、辅助线 2. 线型：均为 Continue 3. 线宽：0.30mm、0.15mm、0.15mm 4. 颜色：黑色、黑色、红色

序号	评价要素	评价内容	评价标准
3	图纸的绘制	1. 图纸完整度 2. 图框格式 3. 图纸尺寸	1. 图纸完整度：两个嵌套矩形框 2. 图框格式：保留装订边的图框格式 3. 图纸尺寸：210mm×297mm
4	标题栏的绘制	1. 标题栏完整度 2. 标题栏尺寸	1. 标题栏完整度：参看图4-1 2. 标题栏尺寸：参看图4-52
5	文字注释	1. 文字放置位置 2. 文字正确性	1. 文字放置位置：在栏内居中放置 2. 文字正确性：参看图4-60
6	职业素养	1. 计算机操作 2. 计算机状态	1. 计算机操作：不使用与课程无关软件 2. 计算机状态：使用后计算机外观无损

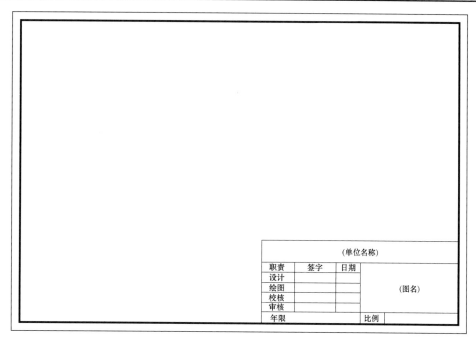

图 4-69　标准 A3 图纸

任务二　绘制耳机插头平面图

任务描述

打开前面绘制的"标准 A4 图纸 .dwg"文件，使用 AutoCAD 2009 的基本绘图工具，在图纸的绘图区内绘制出"耳机插头平面图"，并将文件存储在 E 盘的"项目四"文件夹中，如图 4-70 所示。

任务分析

绘制耳机插头平面图是进阶任务，可在任务一文件的基础上继续绘制图形。通过基本绘图工具绘制耳机插头平面图，利用多段线的便捷来解决复杂线段的绘制，最后保存文件并生成绘图文件，完成耳机插头平面图的绘制。

知识储备

一、二维绘图常用工具

任务一介绍了 AutoCAD 2009 软件操作界面的整体布局，下面介绍一些常用工具，其中包括任务一里出现的"直线"工具、"矩形"

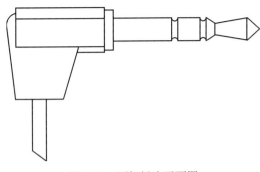

图 4-70　耳机插头平面图

工具，还有即将用到的"多段线"工具、"圆"工具、"复制"工具、"移动"工具和"修剪"工具等，如图 4-71 所示。

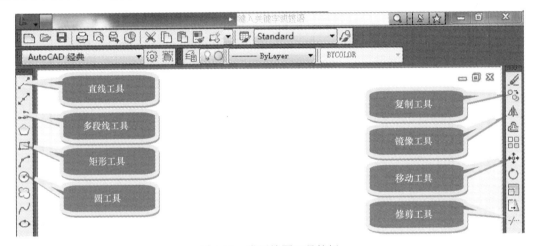

图 4-71　常用绘图工具按钮

二、二维绘图常用指令

1）pline 指令：二维多段线是作为单个平面对象创建的相互连接的线段序列。可以创建直线段、弧线段或两者的组合线段。

2）line 指令：可以创建一系列连续的线段。每条线段都是可以单独进行编辑的直线对象。

3）circle 指令：可以指定圆心、半径、直径、圆周上的点和其他对象上的点的不同组合。

4）copy 指令：在指定方向上按指定距离复制对象。

5）move 指令：在指定方向上按指定距离移动对象。

三、对象捕捉的设置方法

使用对象捕捉可指定对象上的精确位置，如圆心、线段中点、线段端点、象限点、切点和垂足等。

单击 ▲ →"工具"→"草图设置"命令，在弹出的对话框中选择"对象捕捉"选项卡，如图 4-72 所示。选择相应的捕捉模式，单击"确定"按钮，如图 4-73 所示。

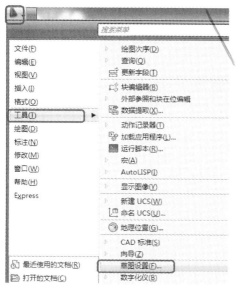

图 4-72　工具选项菜单

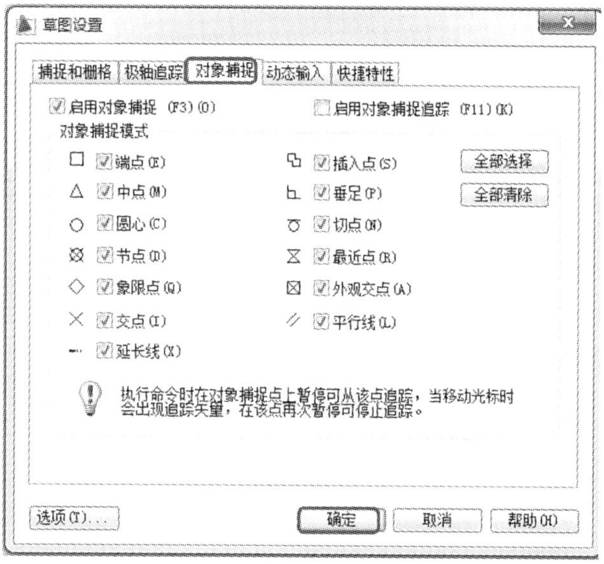

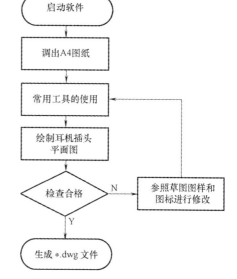

图 4-73　选择相应的捕捉模式

四、栅格的概念

栅格是点或线的矩阵，遍布指定为栅格界限的整个区域。使用栅格类似于在图形下放置一张坐标纸。利用栅格可以对齐对象并直观显示对象之间的距离。出图时，栅格不会被打印。

五、耳机插头平面图绘制流程

耳机插头平面图的绘制流程包含 6 个具体的绘制步骤，如图 4-74 所示。

1）启动软件。新建一个文件，开始新的绘图。

2）调出 A4 图纸。

3）常用工具的使用。使用直线工具、矩形工具和剪切工具。

4）绘制耳机插头平面图。利用绘图工具和修改工具绘制图形。

5）二维图检查。合格则继续操作，否则跳到"常用工具的使用"步骤重新修改。

6）生成 *.dwg 文件。保存绘图，生成标准 CAD 文件。

启动软件 → 调出A4图纸 → 常用工具的使用 → 绘制耳机插头平面图 → 检查合格 →（N）参照草图图样和图标进行修改 →（Y）生成 *.dwg 文件

图 4-74　耳机插头平面图绘制流程图

任务实施

活动一　新建绘图文件

步骤一：启动软件（见任务一中的活动一）

步骤二：打开 A4 图纸文件

操作要点：启动应用程序有以下 3 种方式。

1）单击▲→"文件"→"打开"命令。如图 4-75 所示。

2）单击工具栏中的"打开"按钮，如图 4-76 所示。

3）按〈Ctrl+O〉组合键，如图 4-77 所示。

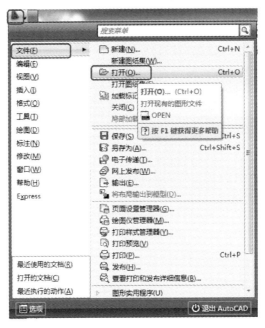

图 4-75　打开菜单

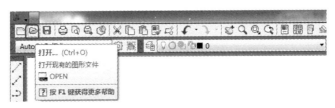

图 4-76　打开按钮

图 4-77　打开文件的快捷键

活动二 绘制耳机插头平面图

步骤一：绘制耳机基部轮廓

1）单击直线工具，指定第一点，然后指定第二点，输入 @32，0，按〈Enter〉键，如图 4-78 所示。

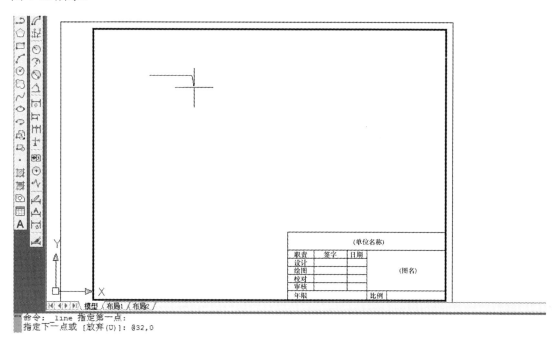

图 4-78 指定线段的第一点

2）输入 @0，-14，按〈Enter〉键，如图 4-79 所示。

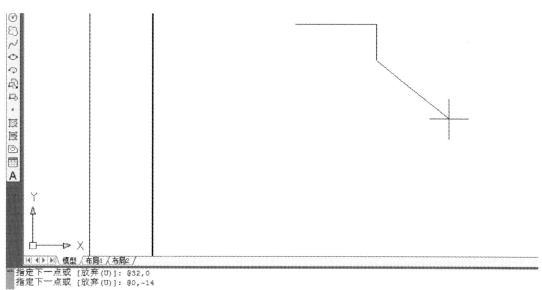

图 4-79 指定线段的另一点

3）输入 @-9.4，0，按〈Enter〉键，如图 4-80 所示。

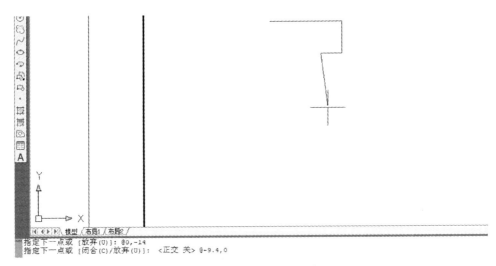

图 4-80　指定线段的另一点

4）输入 @18.85<73，按〈Enter〉键，如图 4-81 所示。

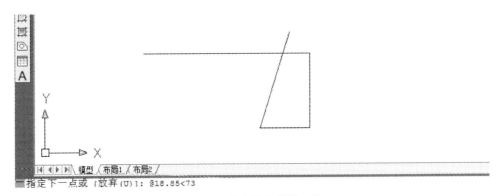

图 4-81　指定线段的另一点

5）单击"移动"按钮，选择直线为移动对象，单击鼠标右键，如图 4-82 所示。

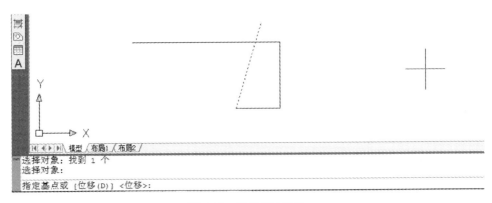

图 4-82　确定移动对象

6）单击"上端点"为指定基点，如图 4-83 所示。

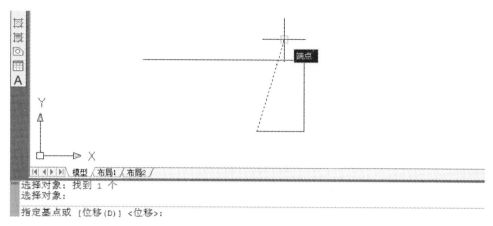

图 4-83　指定移动基点

7）将线段移动到指定位置后单击，如图 4-84 所示。

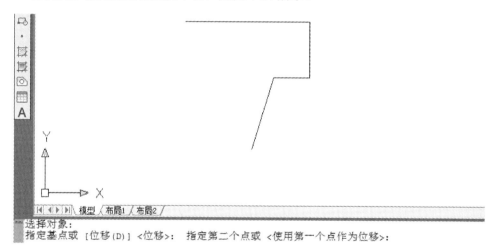

图 4-84　移动后的线段

8）输入 @-17，0，按〈Enter〉键，如图 4-85 所示。

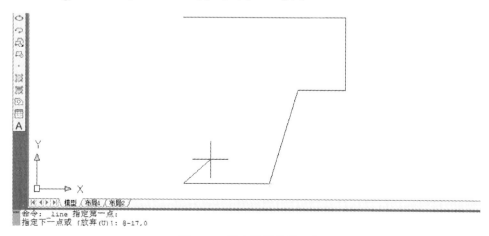

图 4-85　指定线段的第一点

9）输入 @25<97，按〈Enter〉键，如图 4-86 所示。

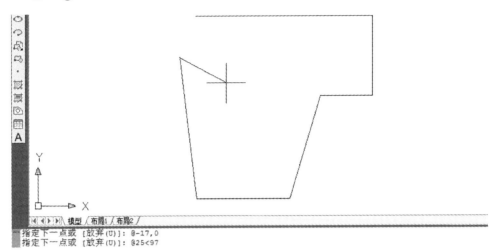

图 4-86　指定线段的另一点

10）单击直线工具，指定第一点，如图 4-87 所示。

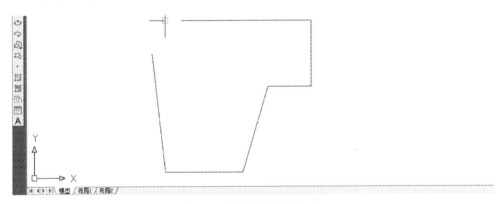

图 4-87　指定线段的第一点

11）指定第二点：输入 @0，-2，按〈Enter〉键，如图 4-88 所示。

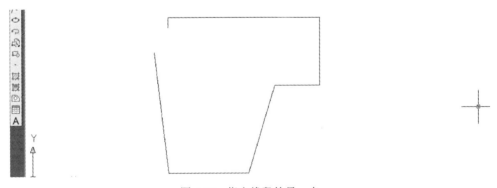

图 4-88　指定线段的另一点

12）单击 ◢ →"绘图"→"圆弧"→"起点、端点、半径"命令，如图 4-89 所示。

13）单击起点，然后单击端点，如图 4-90 所示。

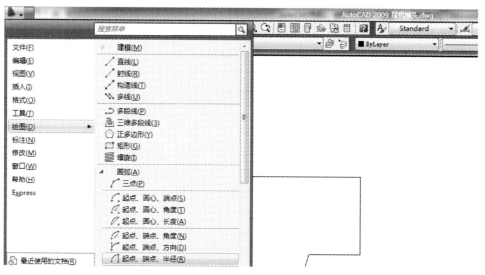

图 4-89　绘制圆弧命令菜单

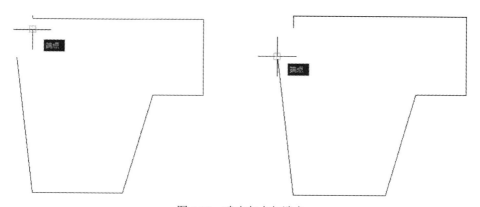

图 4-90　确定起点与端点

14）输入半径值为：5，按〈Enter〉键，如图 4-91 所示。

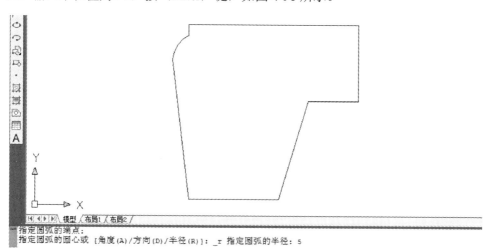

指定圆弧的端点：
指定圆弧的圆心或 [角度(A)/方向(D)/半径(R)]：_r 指定圆弧的半径：5

图 4-91　绘制完成的圆弧

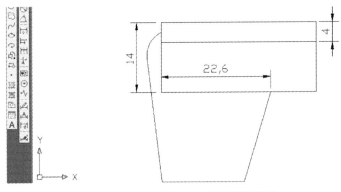

步骤二：绘制耳机颈部轮廓

1）根据标注尺寸，完成图4-92的绘制。

图4-92 耳机颈部轮廓

2）单击指定端点，输入 @0, -2，按〈Enter〉键，如图4-93所示。

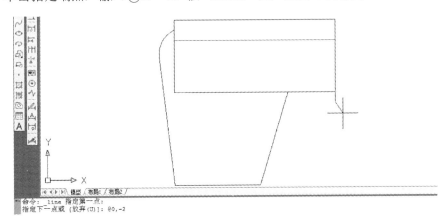

图4-93 指定端点

3）绘制一条线段，与下图线段相交，如图4-94所示。

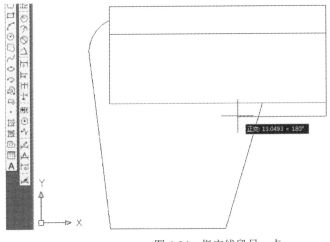

图4-94 指定线段另一点

4）单击"修剪"按钮，选择对象，如图 4-95 所示。

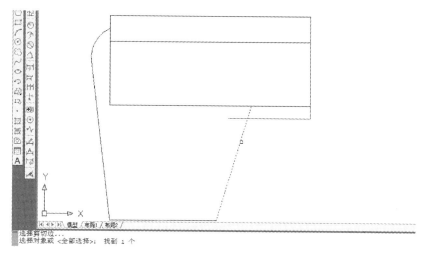

图 4-95 选择修剪边界

5）单击鼠标右键，选择多余的边为修剪对象，如图 4-96 所示。

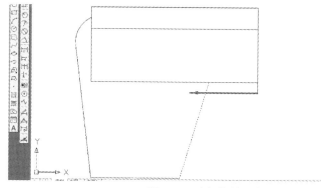

图 4-96 选择修剪对象

6）修剪完成的图形如图 4-97 所示。

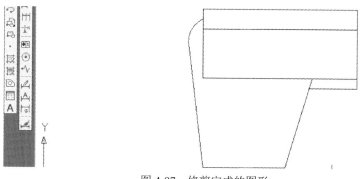

图 4-97 修剪完成的图形

7）根据标注尺寸，完成图 4-98 的绘制。

步骤三：绘制耳机插头轮廓

1）单击"多段线"工具，指定起点，如图 4-99 所示。

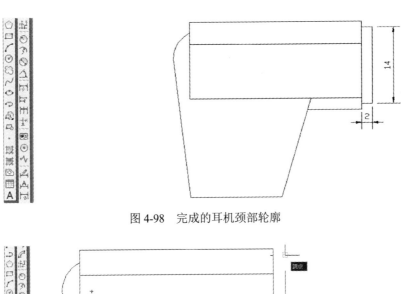

图 4-98　完成的耳机颈部轮廓

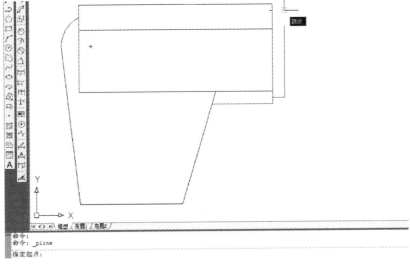

图 4-99　耳机插头轮廓

2）输入 @0，-3，按〈Enter〉键，如图 4-100 所示。

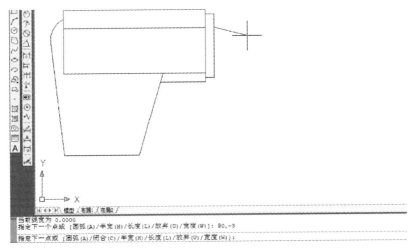

图 4-100　指定线段第一点

3）输入 @20，0，按〈Enter〉键，如图 4-101 所示。

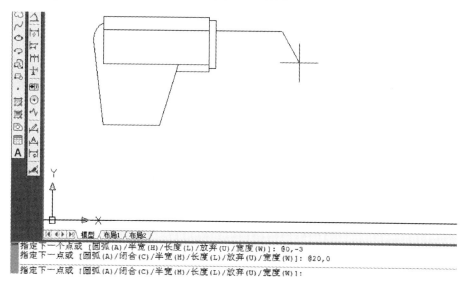

指定下一个点或 [圆弧(A)/半宽(H)/长度(L)/放弃(U)/宽度(W)]：@0,-3
指定下一点或 [圆弧(A)/闭合(C)/半宽(H)/长度(L)/放弃(U)/宽度(W)]：@20,0
指定下一点或 [圆弧(A)/闭合(C)/半宽(H)/长度(L)/放弃(U)/宽度(W)]：

图 4-101　指定线段另一点

4）输入 a，按〈Enter〉键，如图 4-102 所示。

指定下一点或 [圆弧(A)/闭合(C)/半宽(H)/长度(L)/放弃(U)/宽度(W)]：a
指定圆弧的端点或

[角度(A)/圆心(CE)/闭合(CL)/方向(D)/半宽(H)/直线(L)/半径(R)/第二个点(S)/放弃(U)/宽度(W)]：

图 4-102　输入角度指令

5）输入 r，按〈Enter〉键，输入 1.5，按〈Enter〉键，如图 4-103 所示。

指定圆弧的端点或
[角度(A)/圆心(CE)/闭合(CL)/方向(D)/半宽(H)/直线(L)/半径(R)/第二个点(S)/放弃(U)/宽度(W)]：r
指定圆弧的半径：1.5

图 4-103　输入半径数值

6）输入 @3，0，按〈Enter〉键，如图 4-104 所示。

指定圆弧的端点或 [角度(A)]：@3,0
指定圆弧的端点或

[角度(A)/圆心(CE)/闭合(CL)/方向(D)/半宽(H)/直线(L)/半径(R)/第二个点(S)/放弃(U)/宽度(W)]：

图 4-104　输入圆弧端点坐标

7）输入 L，按〈Enter〉键，如图 4-105 所示。

指定圆弧的端点或
[角度(A)/圆心(CE)/闭合(CL)/方向(D)/半宽(H)/直线(L)/半径(R)/第二个点(S)/放弃(U)/宽度(W)]：1
指定下一点或 [圆弧(A)/闭合(C)/半宽(H)/长度(L)/放弃(U)/宽度(W)]：

图 4-105　圆弧长度指令

8）输入 @8，0，按〈Enter〉键，如图 4-106 所示。

9）按照步骤 4）～ 7）的方法，再次完成圆弧的绘制，如图 4-107 所示。

10）输入 @5<-25，按〈Enter〉键，如图 4-108 所示。

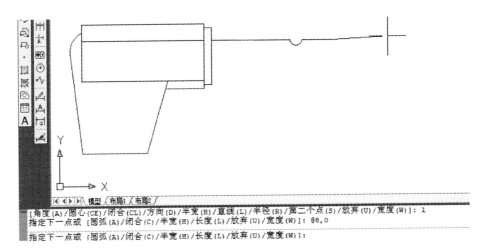

[角度(A)/圆心(CE)/闭合(CL)/方向(D)/半宽(H)/直线(L)/半径(R)/第二个点(S)/放弃(U)/宽度(W)]: 1
指定下一点或 [圆弧(A)/闭合(C)/半宽(H)/长度(L)/放弃(U)/宽度(W)]: @8,0
指定下一点或 [圆弧(A)/闭合(C)/半宽(H)/长度(L)/放弃(U)/宽度(W)]:

图 4-106　输入长度坐标

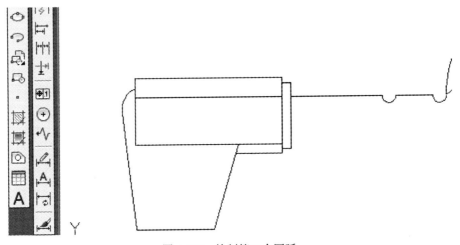

图 4-107　绘制第二个圆弧

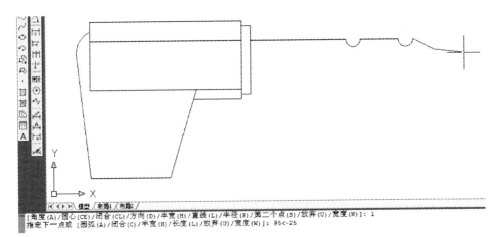

[角度(A)/圆心(CE)/闭合(CL)/方向(D)/半宽(H)/直线(L)/半径(R)/第二个点(S)/放弃(U)/宽度(W)]: 1
指定下一点或 [圆弧(A)/闭合(C)/半宽(H)/长度(L)/放弃(U)/宽度(W)]: @5<-25

图 4-108　输入端点数值

11) 输入 @10<10, 按〈Enter〉键, 如图 4-109 所示。

— 122 —

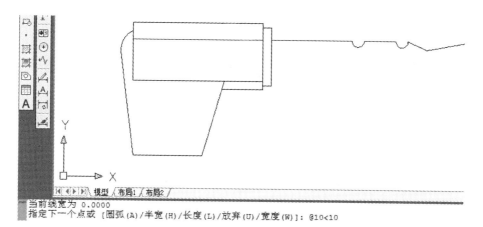

图 4-109　输入另一端点数值

12）输入 @6.32<-35，按〈Enter〉键，单击鼠标右键确认，如图 4-110 所示。

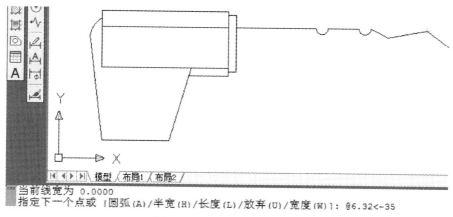

图 4-110　完成一侧轮廓绘制

13）单击"镜像"按钮，选择图 4-111 所示的线段为镜像对象。

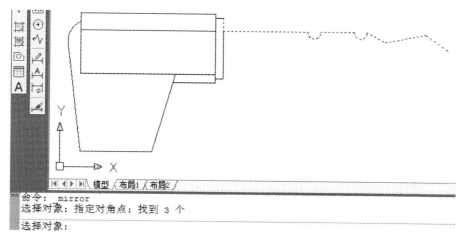

图 4-111　选择镜像对象

14）单击鼠标右键，指定镜像第一点，如图 4-112 所示。

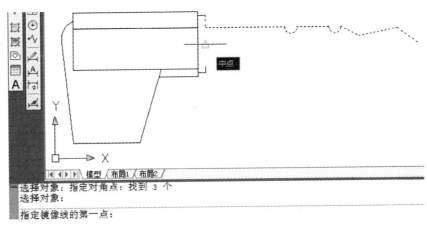

图 4-112　镜像第一点

15）指定镜像第二点，如图 4-113 所示。

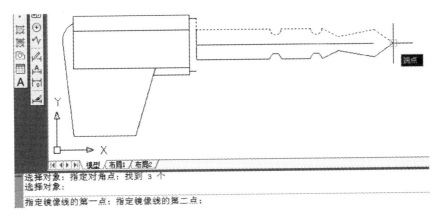

图 4-113　镜像第二点

16）要删除源对象：默认，按〈Enter〉键，如图 4-114 所示。

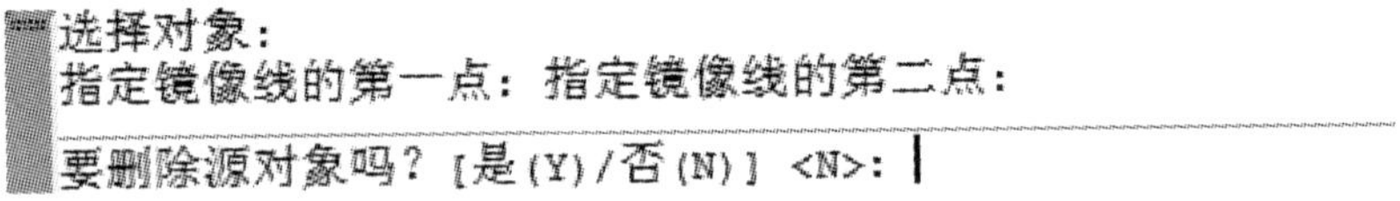

```
选择对象：
指定镜像线的第一点：指定镜像线的第二点：
要删除源对象吗？[是(Y)/否(N)] <N>: |
```

图 4-114　源对象操作选择

17）捕捉端点，绘制图 4-115 所示的线段。

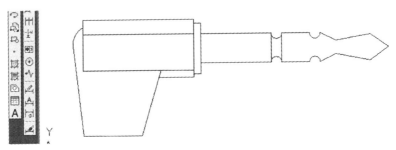

图 4-115　完成的镜像效果

18）继续完善绘图，绘制好的插头轮廓如图 4-116 所示。

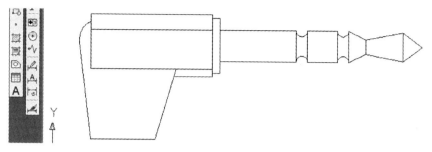

图 4-116　完成的耳机插头轮廓

步骤四：绘制耳机导线轮廓

1）单击"直线"工具，指定起点，如图 4-117 所示。

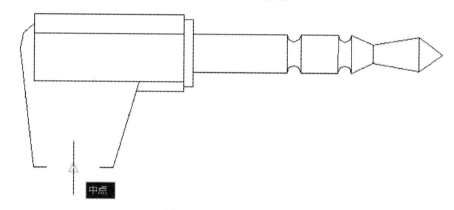

图 4-117　指定线段第一点

2）输入 @0，-18，按〈Enter〉键，如图 4-118 所示。

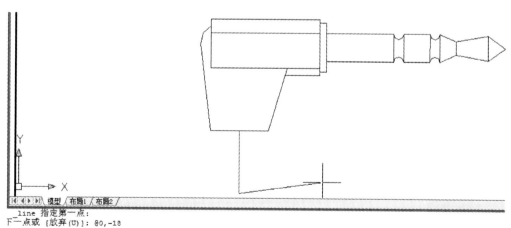

图 4-118　指定线段另一点

3）单击"偏移"工具，输入 2.5，按〈Enter〉键，如图 4-119 所示。

4）选择偏移对象，如图 4-120 所示。

5）单击线段左侧以选择偏移方向，如图 4-121 所示。

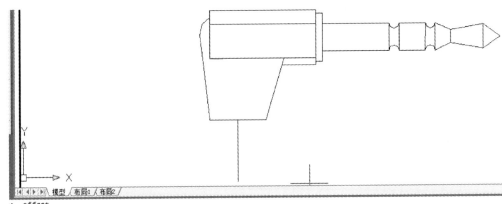

: offset
设置: 删除源=否 图层=源 OFFSETGAPTYPE=0
偏移距离或 [通过(T)/删除(E)/图层(L)] <5.0000>: 2.5

图 4-119 选择偏移工具

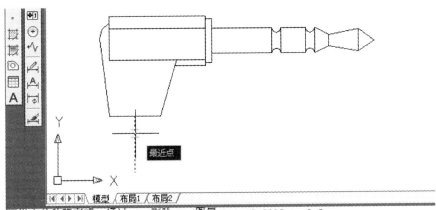

指定偏移距离或 [通过(T)/删除(E)/图层(L)] <5.0000>: 2.5
选择要偏移的对象，或 [退出(E)/放弃(U)] <退出>:

图 4-120 选择偏移对象

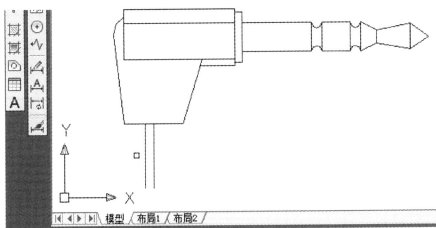

选择要偏移的对象，或 [退出(E)/放弃(U)] <退出>:
指定要偏移的那一侧上的点，或 [退出(E)/多个(M)/放弃(U)] <退出>:

图 4-121 选择偏移方向

6）选择偏移对象，然后单击右侧，如图 4-122 所示。

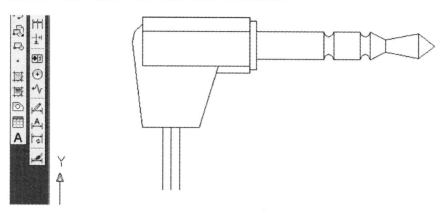

图 4-122　完成偏移

7）选择中间的线段，然后删除，如图 4-123 所示。

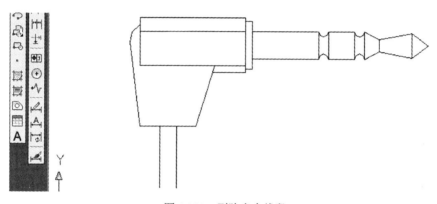

图 4-123　删除多余线段

8）单击"直线"工具，选择右侧线段下端点，输入 @0，-3.5，如图 4-124 所示。

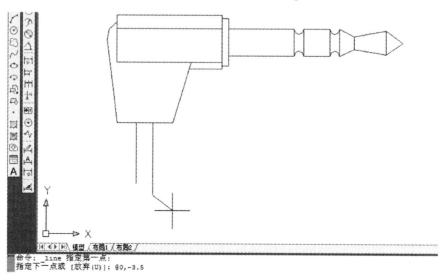

图 4-124　指定线段第一点

9）单击左侧线段下端点，完成图形绘制，如图 4-125 所示。

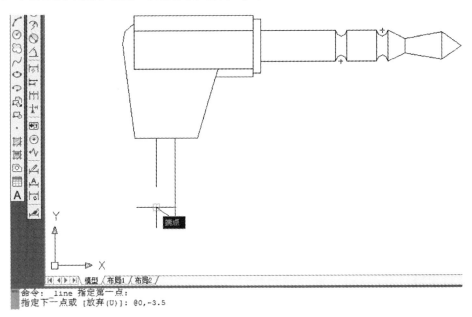

图 4-125　指定线段另一点

活动三　检查并保存绘图文件

步骤一：检查绘图

绘制完的耳机插头平面图如图 4-126 所示。按照 CAD 绘图标准，检查绘图是否符合规范，如果符合则继续下一步，否则跳转到绘图步骤进行修改。

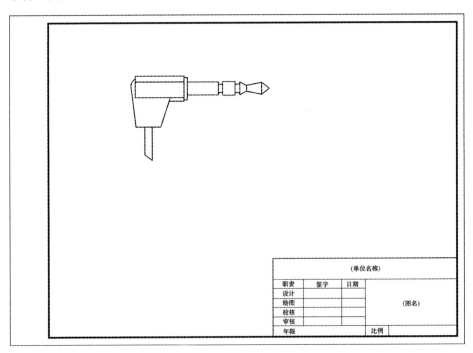

图 4-126　完成的耳机插头平面图

步骤二：保存绘图文件（见任务一中的活动三）

步骤三：生成 *.dwg 文件

在"文件名"文本框中输入"耳机插头平面图"，然后单击"保存"按钮，如图 4-127 所示。

图 4-127　保存耳机插头平面图

知识链接

绘制多段线

1）多段线是由几段线段或圆弧构成的连续线条。它是一个单独的图形对象。

在 AutoCAD 中绘制的多线段，无论有多少个点（段）均为一个整体，不能对其中的某一段进行单独编辑（除非把它分解后再编辑）。

2）多段线常用于绘制各种构件、外轮廓和三维实体等。

3）创建多段线之后，可以使用 PEDIT 命令对其进行编辑，或者使用分解（EXPLODE）命令将其转换成单独的直线段和弧线段。

4）单击"绘图"→"多段线"命令或在命令行中输入 pline 命令，如图 4-128 所示。

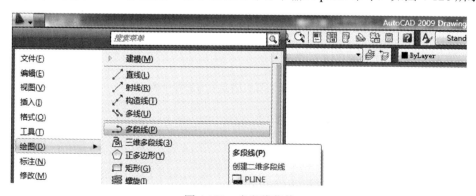

图 4-128　多段线菜单

执行命令后，命令行的显示如下：

指定下一点或 [圆弧（A）/闭合（C）/半宽（H）/长度（L）/放弃（U）/宽度（W）]，如图 4-129 所示。

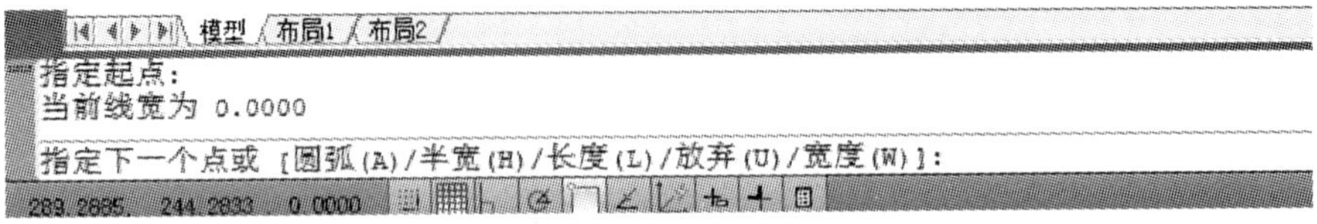

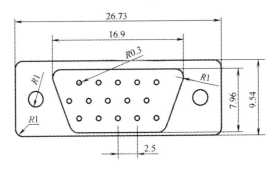

图 4-129　多段线命令

① 圆弧（A）：可以利用多段线绘制圆弧。

② 闭合（C）：可以将多段线的首尾自动连接起来，形成闭合区域。

③ 半宽（H）：指线的宽度。如果输入半宽的值为 50，则线的实际宽度为 100。

④ 长度（L）：指所绘制的线的长度。

⑤ 放弃（U）：放弃刚刚所执行的操作。

⑥ 宽度（W）：指线的宽度，输入的值就是实际上所绘制出来的宽度值。

任务拓展

1）打开 A4 图纸文件。

2）利用多段线绘制 VGA 插头平面图。

3）文件命名为"VGA 插头平面图"。

4）保存在 E 盘的"项目四"文件夹中，如图 4-130 所示。

图 4-130　VGA 插头平面图

任务评价

绘制耳机插头平面图评价表，见表 4-2。

表 4-2　绘制耳机插头平面图评价表

序号	评价要素	评价内容	评价标准
1	绘图文件的建立	1.绘图文件名 2.保存位置	1.绘图文件名：耳机插头平面图 .dwg 2.保存位置：E 盘的"项目四"文件夹中
2	图纸的应用	1.图纸大小 2.图纸样式	1.图纸大小：A4 图纸 2.图纸样式：带标题栏

序号	评价要素	评价内容	评价标准
3	平面图的绘制	1. 平面图完整度 2. 平面图尺寸	1. 图纸完整度：参看图 4-70 2. 平面图尺寸：参看图 4-78 ～图 4-126
4	职业素养	1. 计算机操作 2. 计算机状态	1. 计算机操作：不使用与课程无关软件 2. 计算机状态：使用后计算机外观无损

※ 项目小结 ※

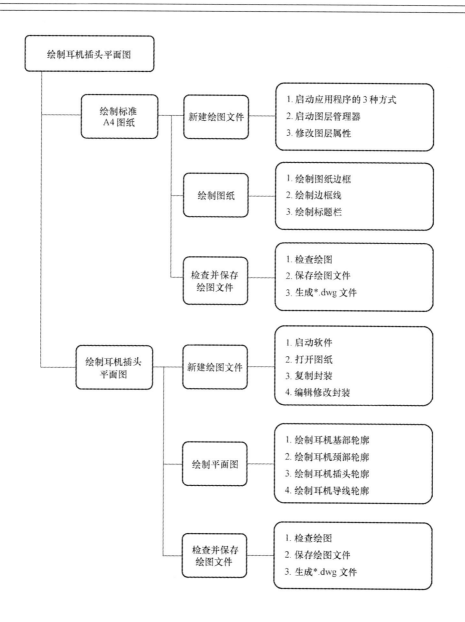

项目五
绘制、标注零件三视图

※ 项目概述 ※

某工厂要生产一个零件，工程师已设计出草图，现需要技术人员根据草图绘制出三视图。

※ 项目学习目标 ※

通过绘制零件三视图实现以下目标：

1）理解三视图的基本概念。

2）掌握常用绘图命令的使用方法。

3）掌握常用修改命令的使用方法。

4）能够绘制各种零件的平面图、三视图。

5）掌握标注命令的使用方法。

6）通过绘制机械零件三视图，学会查阅资料、自主学习，养成认真、踏实的做事态度，培养团结协作精神。

※ 项目学习导图 ※

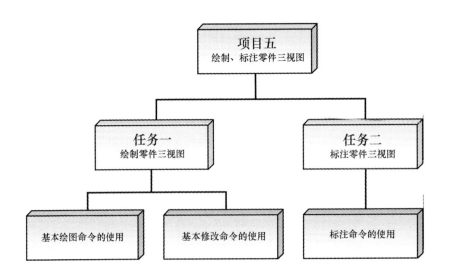

任务一　绘制零件三视图

任务描述

首先调用一张标准的 A4 图纸，然后再绘制零件的主视图、侧视图（左视图）、俯视图，如图 5-1 所示。

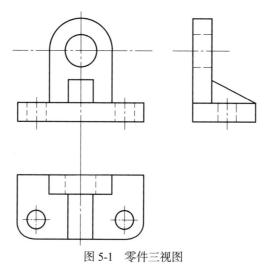

图 5-1　零件三视图

任务分析

本任务要运用构造线作为辅助线，运用直线、圆等绘图命令以及偏移、修剪等编辑命令完成主视图的绘制。

知识储备

一、三视图

> 三视图是观测者从上面、左面、正面 3 个不同角度观察同一个空间几何体而画出的图形。将人的视线规定为平行投影线，然后正对着物体看过去，将所见物体的轮廓用正投影法绘制出来，该图形称为视图。一个物体有 6 个视图：从物体的前面向后面投射所得的视图称主视图（正视图，能反映物体的前面形状），从物体的上面向下面投射所得的视图称俯视图，能反映物体的上面形状），从物体的左面向右面投射所得的视图称左视图（侧视图，能反映物体的左面形状），其他 3 个视图不是很常用。三视图就是主视图（正视图）、俯视图、左视图（侧视图）的总称。

二、投影图的形成

投影图的形成如图 5-2 所示。

三、投影图的位置关系和规律

按投影方向和相应投影面的位置不同，投影面形成的视图分为主视图、俯视图和侧视图 3 个视图。视图主要用于表达物体的外部形状。

通过观察发现，主视图有长、高，俯视图有长、宽，侧视图有宽、高，如图 5-3 所示。

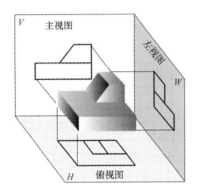

图 5-2 投影图的形成

注：V：正立投影面，H：水平投影面，

W：侧立投影面。

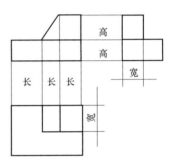

图 5-3 长、宽、高对应图

四、3 个视图之间的关系

1）主视图、俯视图的关系：长对正。

2）主视图、侧视图的关系：高平齐。

3）俯视图、侧视图的关系：宽相等。

五、看图识读方法

先找关键点，由点连线，由线成面。

物体的轮廓线分为两种：实线为可见的轮廓线，虚线为看不到的轮廓线。

观察主视图与俯视图的图形，根据"主视图、俯视图的关系：长对正"的特性，首先找出主视图中的各个关键点，然后将主视图中的各个关键点通过铅垂线延伸到俯视图，找到其相对应的关键点所在，通过各点之间的连线，结合两个视图的图形分析其实体的结构、形状，想象出实体的轮廓。

观察主视图与侧视图的图形，根据"主视图、侧视图的关系：高平齐"的特性，首先找出主视图中的各个关键点，然后将主视图中的各个关键点通过水平线延伸到侧视图，找到其相对应的关键点所在，通过各点之间的连线，结合两个视图的图形分析其实体的结构、形状，想象出实体的轮廓。

观察俯视图与侧视图的图形，根据"俯视图、侧视图的关系：宽相等"的特性，首先找出主视图中的各个关键点，然后将俯视图中的各个关键点通过 45°折线延伸到侧视图，找到其相对应的关键点所在，通过各点之间的连线，结合两个视图的图形分析其实体的结构、形状，想象出实体的轮廓。

在分析的过程中，要注意讲解图形、符号和数字之间代表的关联关系，通过已知条件和图形之间的相互关系得出中间图形。

任务实施

活动一　绘制平面图的准备工作

步骤一：新建绘图文件（前面已介绍过，此处不再介绍）

步骤二：设置图层属性（见前文）

活动二　绘制主视图

步骤一：绘制辅助线

操作要点：使用构造线命令，设置线型，如图 5-4 所示。

1）开"正交"（F8）。

2）启动构造线命令。

① 在命令行输入 XPLINE。

② 单击"绘图"→"构造线"命令。

③ 单击 按钮。

图 5-4　构造线

步骤二：绘制小圆

操作要点：使用圆命令。

1）启动圆命令。

① 在命令行输入 Circle。

② 单击"绘图"→"圆"→"圆心，半径（R）"命令。

③ 单击 按钮。

说明：圆有以下 6 种绘制方法，如图 5-5 所示。

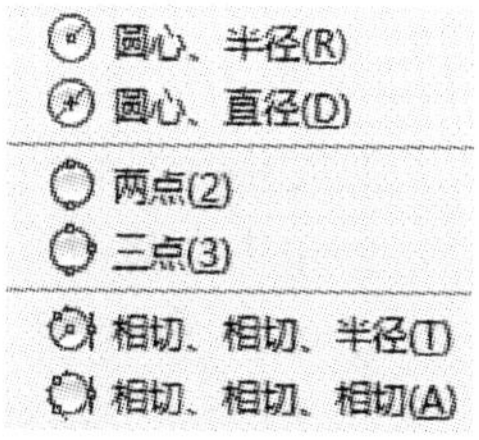

⊙ 圆心、半径(R)
⊘ 圆心、直径(D)

○ 两点(2)
○ 三点(3)

⊘ 相切、相切、半径(T)
○ 相切、相切、相切(A)

图 5-5　圆的 6 种绘制方法

2）确定圆心，如图 5-6 所示。

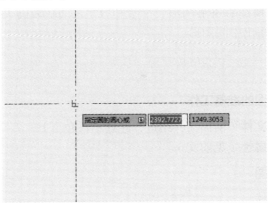

图 5-6　确定圆心

3）相关命令提示如下（本例采用绝对坐标）。

命令：_circle 指定圆的圆心或［三点（3P）/两点（2P）/切点、切点、半径（T）］:

指定圆的半径或［直径（D）］: 37.5

绘制的圆如图 5-7 所示。

步骤三：绘制大圆（见图 5-8）

相关命令提示如下。

命令：_circle 指定圆的圆心或［三点（3P）/两点（2P）/切点、切点、半径（T）］:

指定圆的半径或［直径（D）］: 75

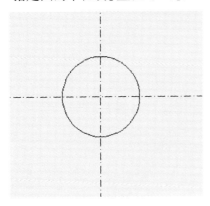

图 5-7　绘制的圆

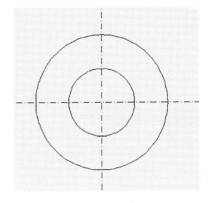

图 5-8　绘制大圆

步骤四：偏移水平辅助线（见图 5-9）

操作要点：使用偏移命令。

1）启动偏移命令。

① 在命令行输入 Offset。

② 单击"修改"→"偏移"命令。

③ 单击 按钮。

2）相关命令提示如下（本例采用绝对坐标）。

命令：_offset

当前设置：删除源＝否　图层＝源　OFFSETGAPTYPE=0

指定偏移距离或［通过（T）/删除（E）/图层（L）]〈1.0000〉：120

选择要偏移的对象，或［退出（E）/放弃（U）]〈退出〉：

指定要偏移的那一侧上的点，或［退出（E）/多个（M）/放弃（U）]〈退出〉：

步骤五：绘制两侧直线，如图 5-10 所示

操作要点：使用直线命令。

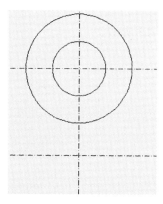

图 5-9　偏移水平辅助线

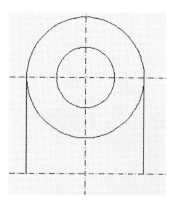

图 5-10　绘制两侧直线

1）开启"对象捕捉"（F3）。

2）单击"草图设置"命令，如图 5-11 所示。

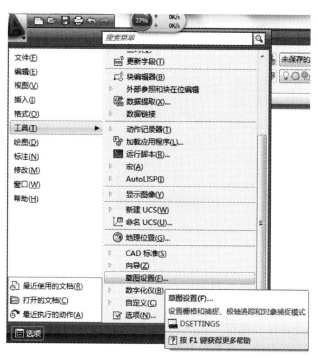

图 5-11　单击"草图设置"命令

3）选择"对象捕捉"选项卡，全部勾选。

4）启动直线命令。

步骤六：修剪图形（见图 5-12）

操作要点：使用修剪命令。

1）启动修剪命令。

① 在命令行输入 Trim。

② 单击"修改"→"修剪"命令。

③ 单击 –/– 按钮。

2）选择大圆和两条直线，并按〈Enter〉键，如图 5-13 所示。

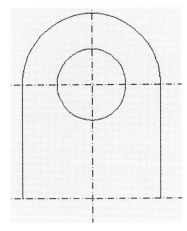

图 5-12　修剪图形

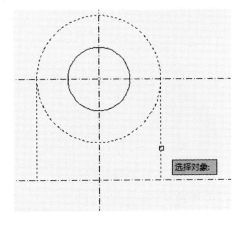

图 5-13　选择修剪对象

3）选择要修剪的部分，单击鼠标左键，按〈Enter〉键完成修剪，如图 5-14 所示。

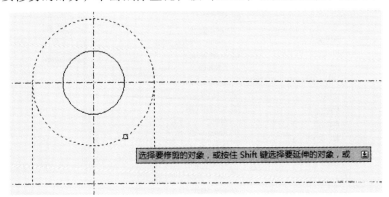

图 5-14　修剪对象

步骤七：绘制辅助线（见图 5-15）

操作要点：使用构造线命令、偏移命令。

步骤八：借助辅助线绘制图形（见图 5-16）

操作要点：使用直线命令，并删除其他辅助线。

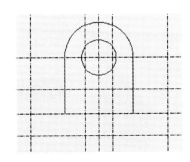

图 5-15　绘制辅助线

步骤九：完成绘制

操作要点：使用直线命令，并绘制图 5-17。

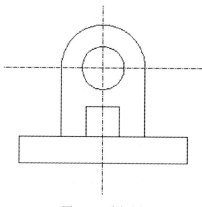

图 5-16　主视图

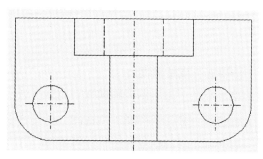

图 5-17　俯视图

活动三　绘制俯视图

步骤一：绘制辅助线，确定圆心（见图 5-18）

操作要点：使用构造线命令、偏移命令。

步骤二：绘制 4 个圆（见图 5-19）

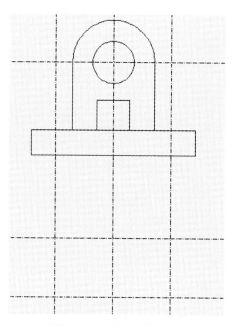

图 5-18　绘制辅助线

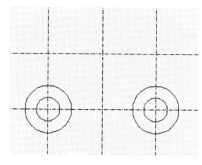

图 5-19　绘制 4 个圆

步骤三：绘制四周直线（见图 5-20）

操作要点：使用直线命令、开启对象捕捉。

步骤四：修剪图形（见图 5-21）

操作要点：使用修剪命令。

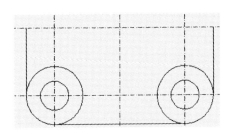

图 5-20　绘制四周直线

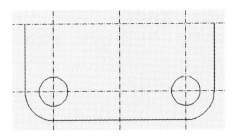

图 5-21　修剪图形

步骤五：完成绘图

操作要点：运用偏移辅助线、直线等命令。

活动四　绘制侧视图（左视图，见图 5-22）

步骤一：绘制辅助线（见图 5-23）

操作要点：使用构造线命令、偏移命令。

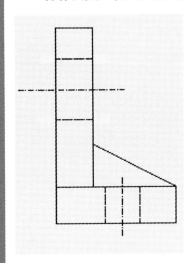

图 5-22　绘制侧视图

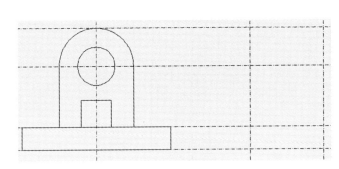

图 5-23　绘制辅助线

步骤二：绘制四周直线（见图 5-24）

操作要点：使用直线命令。

命令提示如下。

命令：_line 指定第一点：

指定下一点或 [放弃（U）]：@117.39<153

指定下一点或 [放弃（U）]：

指定下一点或 [闭合（C）/放弃（U）]：

指定下一点或 [闭合（C）/放弃（U）]：

指定下一点或 [闭合（C）/放弃（U）]：

指定下一点或 [闭合（C）/放弃（U）]：

指定下一点或 [闭合（C）/放弃（U）]：

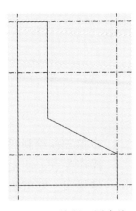

图 5-24　绘制四周直线

步骤三：完成绘图

操作要点：运用偏移命令、直线命令等。

任务拓展

1）绘制如图 5-25 所示的平面图。

2）绘制如图 5-26 所示的平面图。

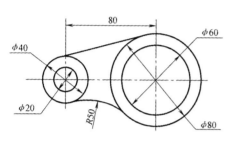

图 5-25　零件平面图 1

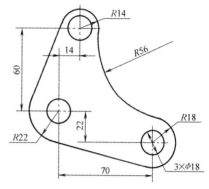

图 5-26　零件平面图 2

任务评价

绘制零件三视图评价表，见表 5-1。

表 5-1　绘制零件三视图评价表

序号	评价要素	评价内容	评价标准
1	CAD 文件建立	1. 文件名 2. 保存位置	1. 文件名：零件三视图 2. 保存位置："绘制、标注零件三视图"项目
2	绘制主视图	主视图尺寸	主视图尺寸正确
3	绘制俯视图	俯视图尺寸	俯视图尺寸正确
4	绘制侧（左）视图	左视图尺寸	左视图尺寸正确
5	团队合作	小组合作精神	1. 小组成员间协作配合好 2. 小组完成任务效率高
6	职业素养	1. 仪器操作 2. 设备、器材码放	1. 计算机使用操作规范、不使用与课程无关软件 2. 仪器设备及实验室器材码放整齐

任务二　标注零件三视图

任务描述

为任务一绘制的零件三视图进行标注，如图 5-27 所示。

任务分析

本任务要运用到各种标注命令。

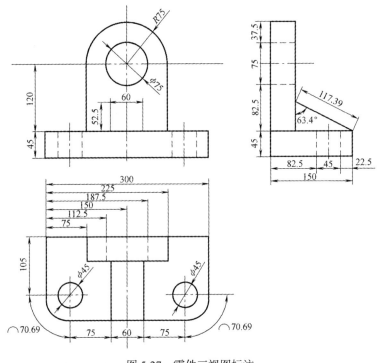

图 5-27　零件三视图标注

任务实施

活动一　设置标注样式

步骤一：打开"标注样式管理器"对话框

单击"格式"→"标注样式"命令，如图 5-28 所示。

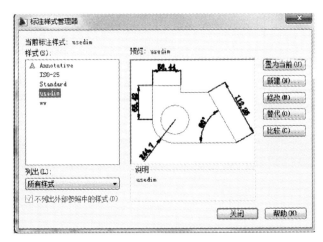

图 5-28　"标注样式管理器"对话框

步骤二：创建新标注样式

单击对话框中的"新建"按钮，在弹出的"创建新标注样式"对话框的"新样式名"文本框中输入"三视图标注"，如图 5-29 所示。

图 5-29 "创建新标注样式"对话框

步骤三：符号和箭头样式设置

单击"继续"按钮，弹出"新建标注样式：三视图标注"对话框，选择"符号和箭头"选项卡，进行如图 5-30 所示的设置。

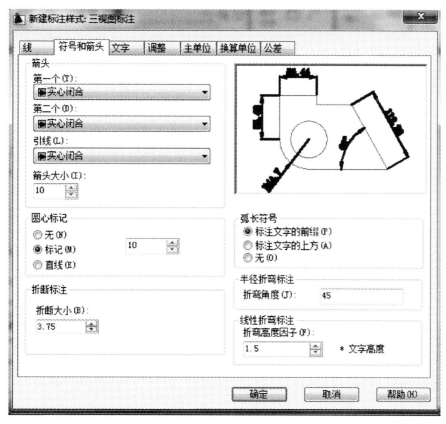

图 5-30 "新建标注样式：三视图标注"对话框

步骤四：文字样式设置

选择"文字"选项卡，设置如图 5-31 所示。

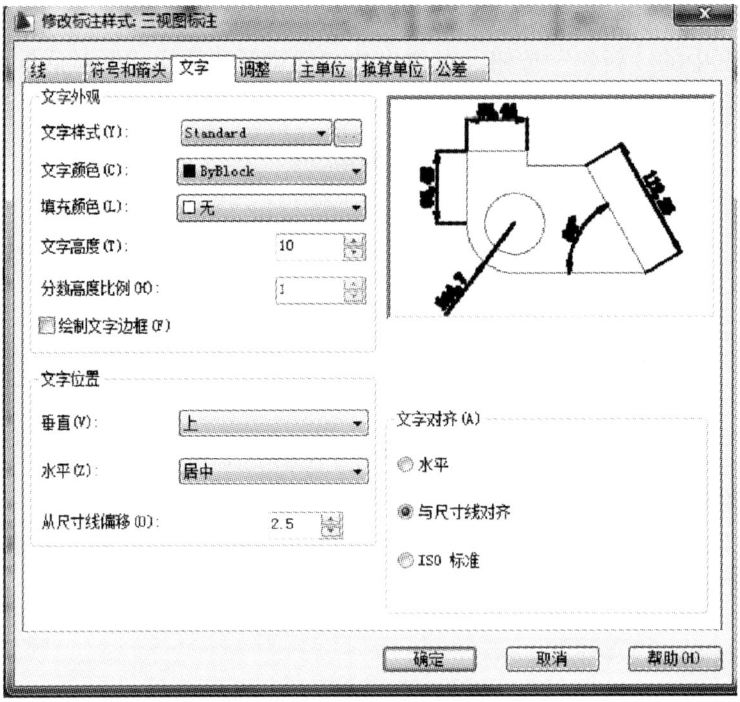

图 5-31 "文字"选项卡

步骤五：单位设置

选择"主单位"选项卡，设置如图 5-32 所示。

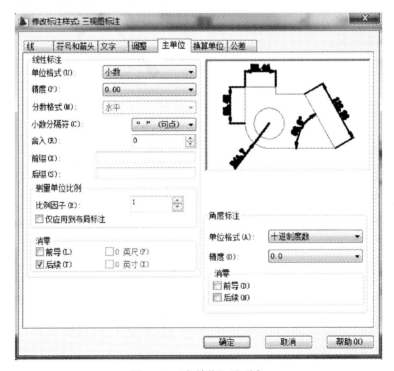

图 5-32 "主单位"选项卡

步骤六：线型设置

选择"线"选项卡，设置如图 5-33 所示。

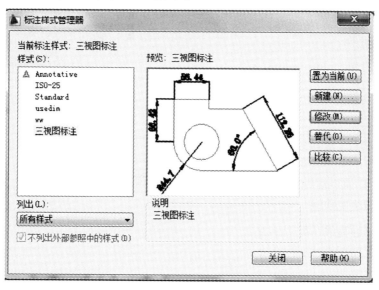

图 5-33 "线"选项卡

步骤七：标注样式设置确定

单击"确定"按钮，返回到"标注样式管理器"对话框，在"样式"列表中选中新建的"三视图标注"标注样式，然后单击"置为当前"按钮，最后关闭该对话框，如图 5-34 所示。

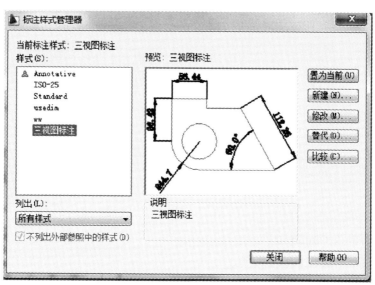

图 5-34 "标注样式管理器"对话框

步骤八：设置标注图层

使用 Layer（图层特性管理器）命令，新建一个图层，命名为"标注"，设置该图层颜色为"红色"，并设置"标注"为当前图层，如图 5-35 所示。

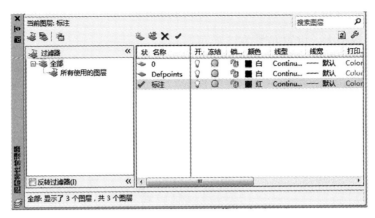

图 5-35　图层特性管理器

活动二　标注主视图

步骤一：标注直线（见图 5-36）

操作要点：使用直线标注命令。

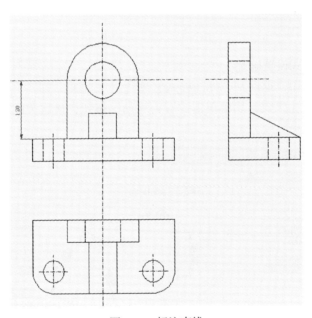

图 5-36　标注直线

1）启动线性标注命令。

①在命令行输入 Dimlinear。

②单击"标注"→"直线"命令。

③单击 ┝ 按钮。

2）命令提示如下。

命令：_dimlinear

指定第一条延伸线原点或〈选择对象〉：

指定第二条延伸线原点：

指定尺寸线位置或

[多行文字（M）/文字（T）/角度（A）/水平（H）/垂直（V）/旋转（R）]:

标注文字 =120

步骤二：继续标注主视图（见图 5-37）

操作要点：使用直线标注命令。

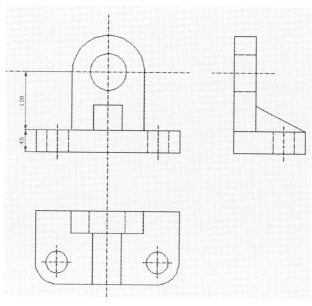

图 5-37　标注主视图

步骤三：标注主视图上部圆弧（见图 5-38）

操作要点：使用半径标注命令。

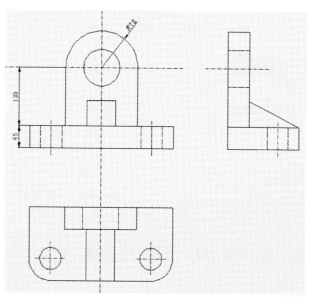

图 5-38　标注圆弧

— 147 —

1）启动半径标注命令。

① 在命令行输入 Dimradius。

② 单击"标注"→"半径"命令。

③ 单击 按钮。

2）命令提示如下：

命令：_dimradius

选择圆弧或圆：

标注文字 =75

指定尺寸线位置或 ［多行文字（M）/ 文字（T）/ 角度（A）］:

步骤四：继续标注主视图上部圆弧（见图 5-39）

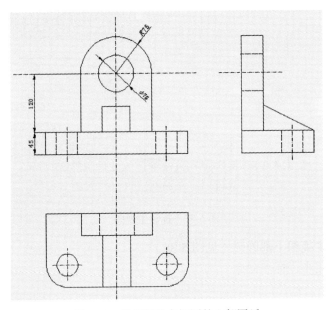

图 5-39　继续标注主视图的上部圆弧

操作要点：使用直径标注命令。

1）启动直径标注命令。

① 在命令行输入 Dimdiameter。

② 单击"标注"→"直径"命令。

③ 单击 按钮。

2）命令提示如下。

命令：_dimdiameter

选择圆弧或圆：

标注文字 =75

指定尺寸线位置或 ［多行文字（M）/ 文字（T）/ 角度（A）］:

活动三　标注侧视图

步骤一：标注侧视图的斜线（见图 5-40）

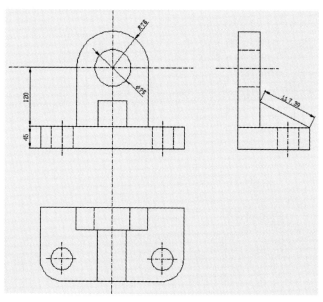

图 5-40　标注侧视图的斜线

操作要点：使用对齐标注命令。

1）启动对齐标注命令。

① 在命令行输入 Dimligned。

② 单击"标注"→"对齐"命令。

③ 单击↖按钮。

2）命令提示如下。

命令：_dimaligned

指定第一条延伸线原点或〈选择对象〉：

指定第二条延伸线原点：

指定尺寸线位置或

［多行文字（M）/ 文字（T）/ 角度（A）］：

标注文字 = 117.39

步骤二：标注侧视图的左侧直线（见图 5-41）

操作提示：使用线性标注命令。

步骤三：连续标注侧视图的左侧直线（见图 5-42）

操作要点：使用连续标注命令。

1）启动连续标注命令。

① 在命令行输入 Dimcountinue。

② 单击"标注"→"连续"命令。

③ 单击┤┤按钮。

2）命令提示如下。

命令：_dimcontinue

指定第二条延伸线原点或［放弃（U）/ 选择（S）]〈选择〉：

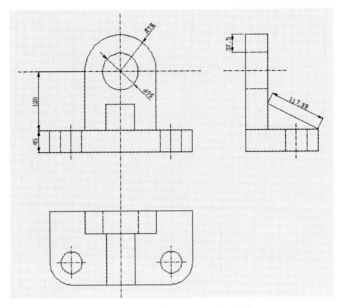

图 5-41　标注侧视图的左侧直线

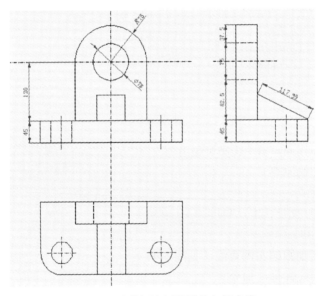

图 5-42　连续标注侧视图的左侧直线

标注文字 = 75

指定第二条延伸线原点或［放弃（U）/选择（S）]〈选择〉:

标注文字 = 82.5

指定第二条延伸线原点或［放弃（U）/选择（S）]〈选择〉:

标注文字 = 45

指定第二条延伸线原点或［放弃（U）/选择（S）]〈选择〉:

选择连续标注:

步骤四：标注侧视图的角度（见图 5-43）

操作要点：使用角度标注命令。

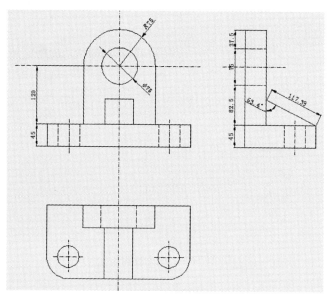

图 5-43　标注角度

1）启动角度标注命令。

① 在命令行输入 Dimangular。

② 单击"标注"→"角度"命令。

③ 单击 △ 按钮。

2）命令提示如下。

命令：_dimangular

选择圆弧、圆、直线或〈指定顶点〉：

选择第二条直线：

指定标注弧线位置或［多行文字（M）/ 文字（T）/ 角度（A）/ 象限点（Q）］：

标注文字 = 63.4

活动四　标注俯视图

步骤一：标注俯视图（见图 5-44 所示）

操作提示：使用线性标注命令。

步骤二：继续标注俯视图（见图 5-45）

操作要点：使用基线标注命令。

1）启动基线标注命令。

① 在命令行输入 Dimbaseline。

② 单击"标注"→"基线"命令。

③ 单击 按钮。

2）命令提示如下。

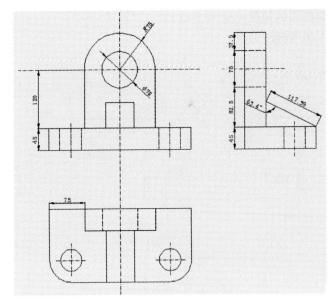

图 5-44　标注俯视图

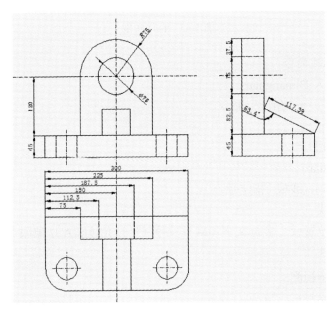

图 5-45　继续标注俯视图

命令：_dimbaseline
选择基准标注：
指定第二条延伸线原点或［放弃（U）/选择（S）]〈选择〉：
标注文字 = 112.5
指定第二条延伸线原点或［放弃（U）/选择（S）]〈选择〉：
标注文字 = 150
指定第二条延伸线原点或［放弃（U）/选择（S）]〈选择〉：

标注文字 = 187.5

指定第二条延伸线原点或［放弃（U）/选择（S）]〈选择〉:

标注文字 = 225

指定第二条延伸线原点或［放弃（U）/选择（S）]〈选择〉:

标注文字 = 300

指定第二条延伸线原点或［放弃（U）/选择（S）]〈选择〉:

选择基准标注:

步骤三：标注俯视图（见图 5-46）

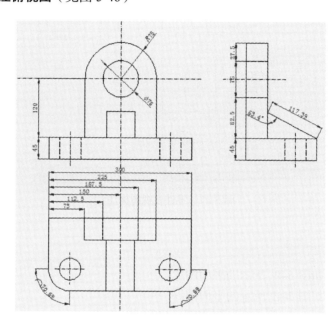

图 5-46　标注俯视图的圆弧

操作要点：使用弧长标注命令。

1）启动弧长标注命令。

① 在命令行输入 Dimarc。

② 单击"标注"→"弧长"命令。

③ 单击 按钮。

2）命令提示如下。

命令：_dimarc

选择弧线段或多段线弧线段:

指定弧长标注位置或［多行文字（M）/文字（T）/角度（A）/部分（P）/]:

标注文字 = 70.69

命令：DIMARC

选择弧线段或多段线弧线段:

指定弧长标注位置或［多行文字（M）/文字（T）/角度（A）/部分（P）/]:

标注文字 = 70.69

步骤四：完成所有标注（见图 5-47）

操作要点：使用直径、线性等标注命令。

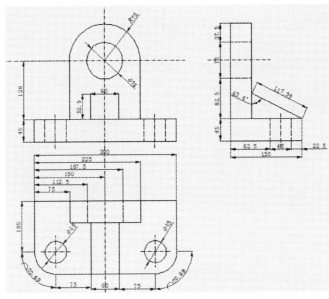

图 5-47　零件三视图标注

任务拓展

1）绘制并标注如图 5-48 所示的平面图。

2）绘制并标注如图 5-49 所示的平面图。

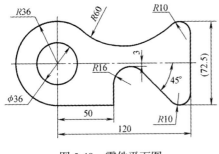

图 5-48　零件平面图

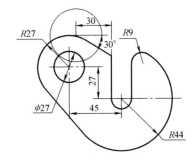

图 5-49　零件平面图

任务评价

标注零件三视图评价表，见表 5-2。

表 5-2　标注零件三视图评价表

序号	评价要素	评价内容	评价标准
1	CAD 文件建立	1. 文件名 2. 保存位置	1. 文件名：标注零件三视图 2. 保存位置："绘制、标注零件三视图"项目
2	标注主视图	标注主视图尺寸	标注主视图尺寸正确
3	标注俯视图	标注俯视图尺寸	标注俯视图尺寸正确
4	标注侧（左）视图	标注左视图尺寸	标注左视图尺寸正确
5	团队合作	小组合作精神	1. 小组成员间协作配合好 2. 小组完成任务效率高
6	职业素养	1. 仪器操作 2. 设备、器材码放	1. 计算机使用操作规范、不使用与课程无关软件 2. 仪器设备及实验室器材码放整齐

项目小结

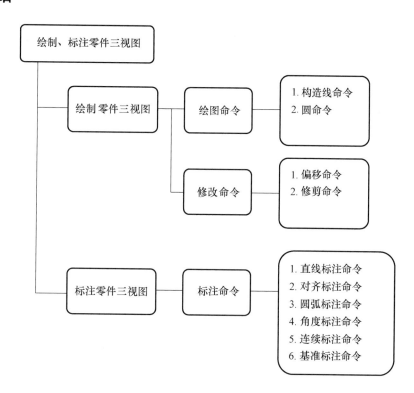

项目六
绘制机房平面图

※ 项目概述 ※

　　学校要新建 3 个机房，根据机房的不同功能（有便于小组合作的，有便于讲授的，有两者相结合的），设计机房的机位摆放位置的平面图。

※ 项目学习目标 ※

　　通过绘制机房平面图实现以下目标：

　　1）掌握多线绘图命令的使用方法。

　　2）掌握块操作命令的使用方法。

　　3）掌握矩形、正多边形、圆弧、复制、镜像、阵列命令的使用方法。

　　4）能进行简单平面图的绘制。

　　5）通过绘制机房平面图，学会自主学习，养成认真、踏实的做事态度，培养团结协作精神和效率意识。

※ 项目学习导图 ※

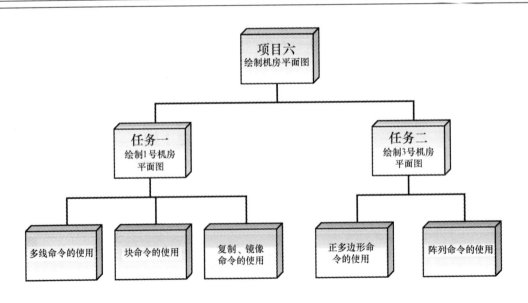

任务一　绘制 1 号机房平面图

任务描述

　　首先调用一张标准的 A4 图纸，然后在图纸上绘制计算机、教师桌椅、学生桌椅、机柜、空调等机房中的物品，用块操作命令快速对物品进行布局，完成机房平面图的绘制工作，如图 6-1 所示。

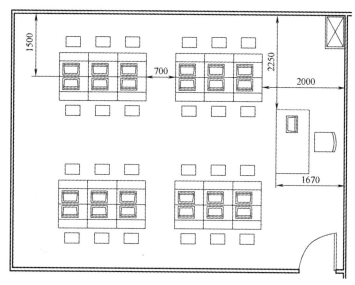

图 6-1　1 号机房平面图

任务分析

　　本任务要利用多线命令绘制墙体，利用矩形命令绘制桌椅，利用块操作命令实现高效绘制图形，利用复制、镜像、阵列等修改命令实现桌椅的摆放。

知识储备

一、平面图

　　这里绘制的机房平面图属于建筑平面图，它是假想用一水平的剖切面沿门窗将房屋剖切后，对剖切面以下部分所做的水平投影图。它反映出了房屋的平面形状、大小和布置。

二、多线工具、块操作命令介绍

　　绘制平面图时，首先需要运用多线命令绘制房屋的墙体。为了达到快速、高效地绘制图形，运用块操作命令来完成机房平面图的绘制。

多线工具：使用该命令，可以创建多条平行线。

块操作命令：是可由用户定义的子图形。它是 AutoCAD 提供给用户的最有用的工具之一，对于在绘图中反复出现的"图形"（它们往往是多个图形对象的组合），用户不必再重复劳动，一遍又一遍地画，而只需将它们定义成一个块在需要的位置插入即可。用户还可以给块定义属性，再插入时填写可变信息。使用块有利于用户建立图形库，便于对子图形的修改和重定义，同时节省存储空间。

三、绘制平面图的流程

绘制平面图包含以下 9 个具体的设计步骤。

1）新建绘图文件：新建一个 *.dwg 文件，开始一个新的绘图。

2）复制 A4 图纸：在绘制电路图以前，要从已有的标准图纸中复制一份到新建绘图文件中。这样，在标准的 A4 图纸内绘图才比较专业。

3）设置图层属性：可以使用图层将元器件与文字说明进行编组，这样可以使整个设计清晰明了。

4）绘制机房墙体：利用多线工具绘制。

5）绘制机房内物品：利用常用绘图工具绘制。

6）将机房内物品定义为块。

7）将定义的块插入到平面图中。

8）机房内物品布局：利用常用修改工具布局元器件。

9）生成 *.dwg 文件：完成上面的步骤以后，可以看到一张完整的平面图，但是要完成任务设计，就需要保存为 *.dwg 文件。

任务实施

活动一 绘制平面图的准备工作

步骤一：新建绘图文件（前面已介绍过）

步骤二：设置图层属性（前面已介绍过）

活动二 绘制 1 号机房墙体

步骤一：设置多线样式

1）启动命令。

① 在命令行输入 MLSTYLE。

② 单击"格式"→"多线样式"命令，弹出如图 6-2 所示的对话框。

2）单击"新建"按钮，为新样式命名，如图 6-3 所示。

3）单击"继续"按钮，设置参数如图 6-4 所示。

4）单击"确定"按钮，如图 6-5 所示。

5）单击"置为当前"按钮。

图 6-2 "多线样式"对话框

图 6-3 "创建新的多线样式"对话框

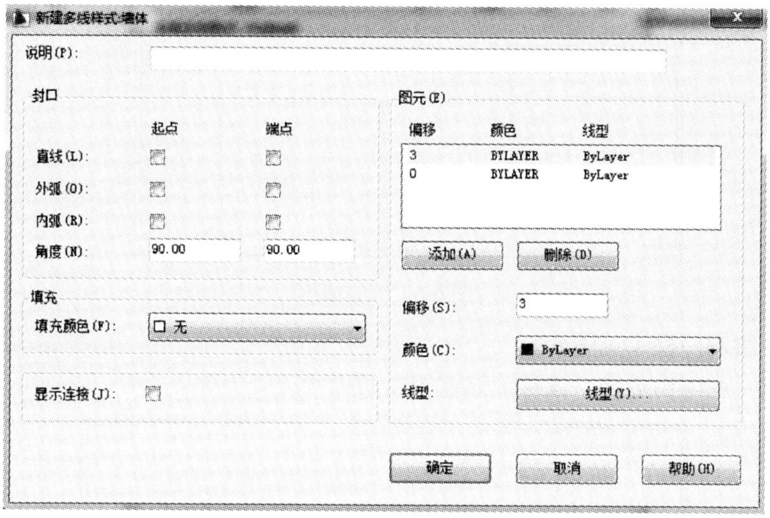

图 6-4 "新建多线样式：墙体"对话框

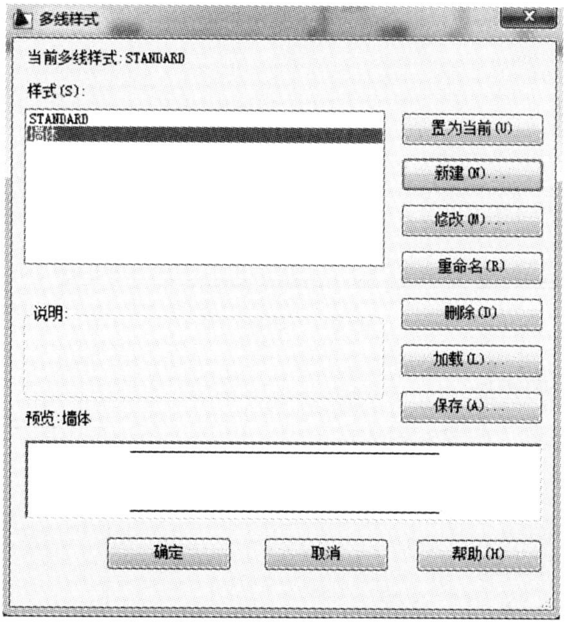

图 6-5 "多线样式"对话框

步骤二：启动多线命令

1）在命令行输入 MLINE。

2）单击"绘图"→"多线"命令，绘制墙体，如图 6-6 所示。

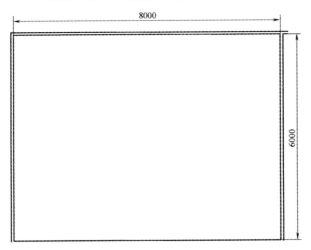

图 6-6　绘制墙体

步骤三：绘制门框（见图 6-7）

操作要点：利用构造线、偏移、修剪等编辑命令。

图 6-7　绘制门框

活动三　绘制机房内物品

步骤一：绘制教师桌（见图 6-8）

操作提示：可以用直线或矩形工具。

1）启动矩形命令。

① 在命令行输入 Rectang。

② 单击"绘图"→"矩形"命令。

③ 单击▢按钮。

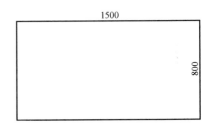

图 6-8　教师桌

2）命令提示如下。

命令：_rectang

指定第一个角点或［倒角（C）/标高（E）/圆角（F）/厚度（T）/宽度（W）］：

指定另一个角点或［面积（A）/尺寸（D）/旋转（R）］：d

指定矩形的长度〈10.0000〉：1500

指定矩形的宽度〈10.0000〉：800

指定另一个角点或［面积（A）/尺寸（D）/旋转（R）］：

步骤二：绘制教师椅（见图6-9）

操作提示：可以用直线、矩形工具以及弧线工具。

1）利用矩形命令绘制正方形。

命令提示如下。

命令：_rectang

指定第一个角点或［倒角（C）/标高（E）/圆角（F）/厚度（T）/宽度（W）］：

指定另一个角点或［面积（A）/尺寸（D）/旋转（R）］：d

指定矩形的长度〈10.0000〉：450

指定矩形的宽度〈10.0000〉：450

指定另一个角点或［面积（A）/尺寸（D）/旋转（R）］：

2）利用打断命令打断正方形。

启动打断命令：

① 在命令行输入 Explode。

② 单击"修改"→"分解"命令。

③ 单击 按钮。

命令提示如下。

命令：_explode

选择对象：找到1个

3）删除右边，如图6-10所示。

4）利用圆弧命令绘制椅背，如图6-11所示。

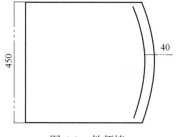

图6-9　教师椅

图6-10　教师椅绘制1

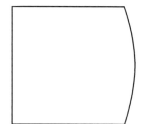

图6-11　教师椅绘制2

启动圆弧命令：

① 在命令行输入 ARC。

② 单击"绘图"→"圆弧"命令。

③ 单击 按钮。

说明：绘制圆弧的方法如图 6-12 所示。

命令提示如下。

命令：_arc 指定圆弧的起点或［圆心（C）］：

指定圆弧的第二个点或［圆心（C）/端点（E）］：_e

指定圆弧的端点：

指定圆弧的圆心或［角度（A）/方向（D）/半径（R）］：_a 指定包

含角：45

5）利用偏移命令完成椅子的绘制，如图 6-13 所示。

步骤三：绘制学生桌（见图 6-14）

操作提示：可以用直线和矩形工具。

步骤四：绘制学生凳子（见图 6-15）

操作提示：可以用直线和矩形工具。

步骤五：绘制计算机（见图 6-16）

操作提示：可以用直线和矩形工具。

步骤六：绘制门（见图 6-17）

操作提示：可以用圆和直线工具。

步骤七：绘制空调（见图 6-18）

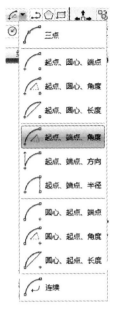

图 6-12　绘制圆弧
的方法

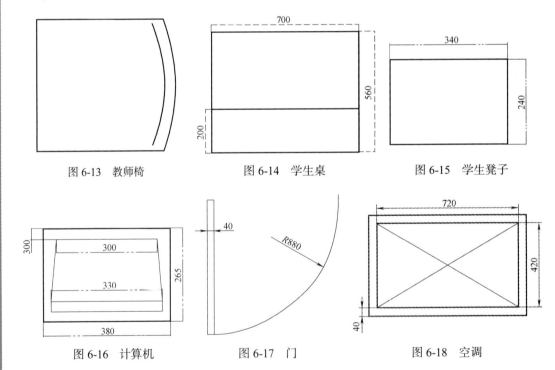

图 6-13　教师椅　　　　图 6-14　学生桌　　　　图 6-15　学生凳子

图 6-16　计算机　　　　图 6-17　门　　　　图 6-18　空调

活动四　将机房内物品定义为块

步骤一：将学生桌定义为块

1）启动命令，如图 6-19 所示。

① 在命令行输入 BLOCK。

图 6-19 "块定义"对话框

② 单击"绘图"→"块"→"创建"命令。

③ 单击⬚按钮。

2) 将所定义的块命名为"学生桌"。

3) 选择对象：框选。

4) 拾取点（基点）。

操作提示：与前面所学命令复制、移动时选取基点的原则相同。

步骤二：将学生椅、教师桌、教师椅、计算机分别定义为块。

操作提示：注意基点的选取。

步骤三：将门定义为外部块（写块）

1) 启动命令，如图 6-20 所示。

在命令行输入 WBLOCK。

2) 为所定义的块选择路径并命名为"门"。

3) 选择对象：框选。

4) 拾取点（基点）。

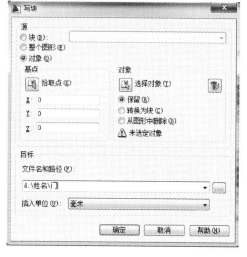

图 6-20 "写块"对话框

操作提示：与前面所学命令复制、移动时选取基点的原则相同。

步骤四：将空调定义为外部块

活动五 完成 1 号机房内物品的摆放

1 号机房平面图如图 6-21 所示。

步骤一：绘制辅助线，确定教师桌、椅位置（见图 6-22）

步骤二：插入块（放置教师桌）

1) 启动命令，如图 6-23 所示。

① 在命令行输入 INSERT。

② 单击⬚按钮。

— 163 —

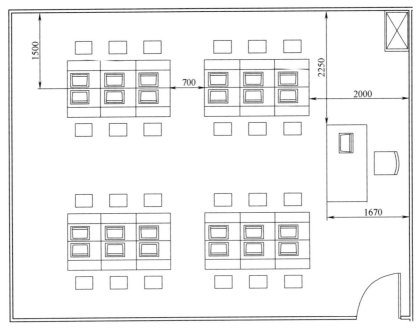

图 6-21　1 号机房平面图

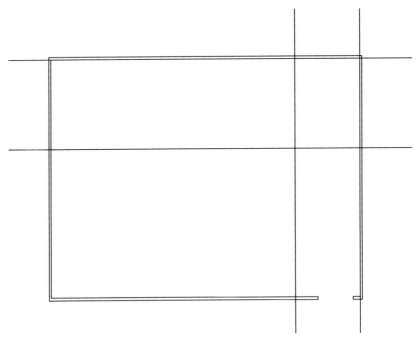

图 6-22　绘制辅助线

2）选择已定义的块名称：教师桌。

3）选中"在屏幕上指定"复选框。

4）单击"确定"按钮，将教师桌插入到指定位置，如图 6-24 所示。

步骤三：将学生桌、学生椅、教师椅、计算机分别插入到指定位置，如图 6-25 所示

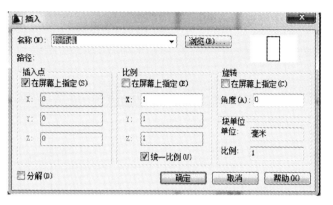

图 6-23 "插入"对话框

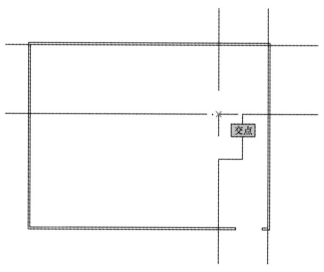

图 6-24 插入块

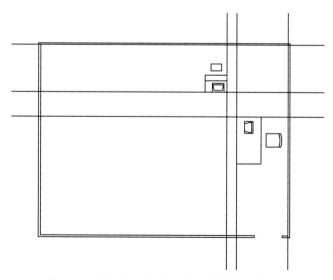

图 6-25 插入学生桌、学生椅、教师椅、计算机

步骤四：利用复制命令完成图 6-26

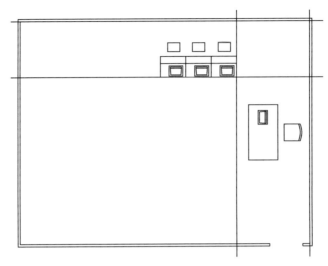

图 6-26　复制学生机位

1）启动命令。

① 在命令行输入 Copy。

② 单击"修改"→"复制"命令。

③ 单击 🖑 按钮。

2）框选学生桌、学生椅和计算机，按〈Enter〉键。

3）选择"基点"即插入点，如图 6-27 所示。

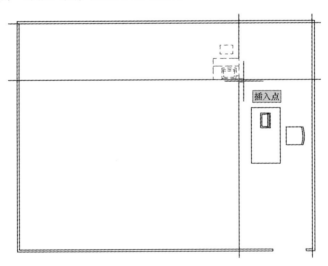

图 6-27　复制学生机位 1

4）拖动鼠标，将复制部分插入到合适位置，如图 6-28 所示。

5）继续拖动鼠标，将复制部分插入到合适位置实现连续复制，如图 6-29 所示。

步骤五：利用镜像命令复制学生机位（见图 6-30）

1）启动命令。

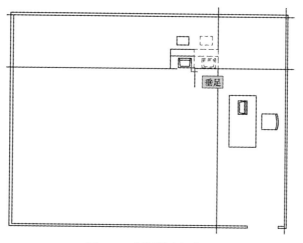

图 6-28 复制学生机位 2

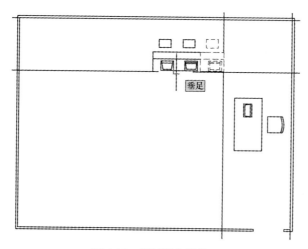

图 6-29 复制学生机位 3

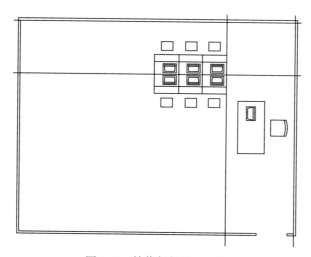

图 6-30 镜像复制学生机位

① 在命令行输入 Mirror。

② 单击"修改"→"镜像"命令。

③ 单击 ⚎ 按钮。

2）框选三套学生桌、学生椅和计算机，按〈Enter〉键。

3）选择"镜像线"的第一点、第二点，如图 6-31 ~ 图 6-33 所示。

4）选择"N"，保留原对象。

步骤六：完成绘制（见图 6-34）

操作提示：运用复制、镜像等命令。

步骤七：插入外部块（放置门、空调）

1）启动命令，如图 6-35 所示。

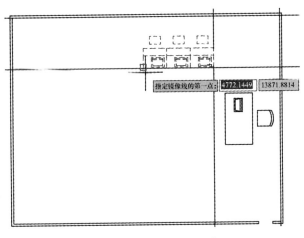

图 6-31　镜像复制学生机位 1

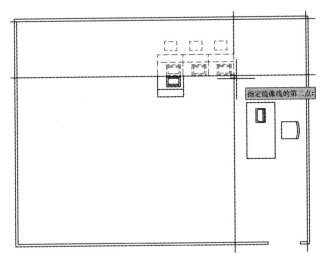

图 6-32　镜像复制学生机位 2

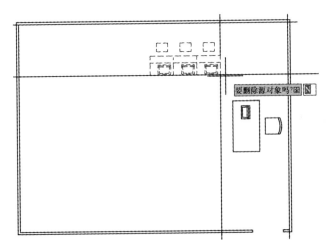

图 6-33　镜像复制学生机位 3

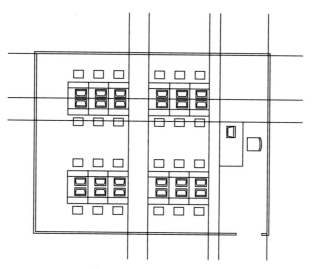

图 6-34　完成 1 号机房机位的摆放

① 在命令行输入 INSERT。

② 单击 按钮。

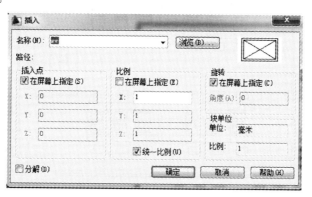

图 6-35　"插入"对话框

2）单击"浏览"按钮，弹出如图 6-36 所示的对话框。

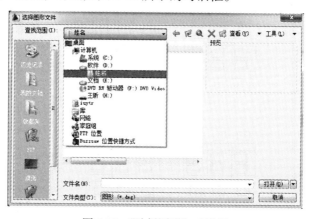

图 6-36　"选择图形"对话框

项目六

3）选择外部块路径，单击"打开"按钮，弹出如图 6-37 所示的对话框。

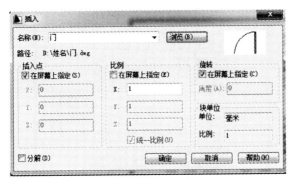

图 6-37 "插入"对话框

4）选中"在屏幕上指定"复选框。

5）单击"确定"按钮，将门插入到指定位置，如图 6-38 所示。

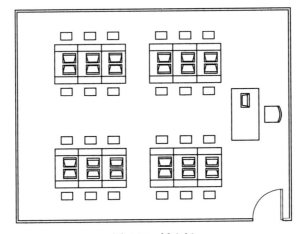

图 6-38 插入门

6）将空调插入到指定位置，如图 6-39 所示。

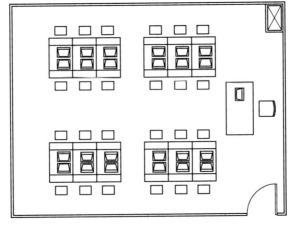

图 6-39 插入空调

任务拓展

绘制 2 号机房平面图，本机房尺寸为 6000mm×8000mm，教师桌、教师椅、计算机、学生桌、学生椅、空调、门等尺寸与 1 号机房相同，如图 6-40 所示。

任务评价

绘制 1 号机房平面图评价表，见表 6-1。

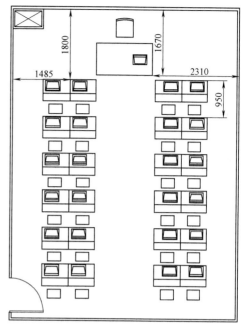

图 6-40　2 号机房平面图

表 6-1　绘制 1 号机房平面图评价表

序号	评价要素	评价内容	评价标准
1	CAD 文件建立	1. 文件名 2. 保存位置	1. 文件名：1 号机房平面图 2. 保存位置："绘制机房平面图"项目
2	绘制墙体	1. 多线样式设置 2. 墙体尺寸	1. 双线、比例为 1∶20、偏移 3 2. 墙体尺寸：6000mm×8000mm
3	绘制门框	门框尺寸	门框尺寸：880mm
4	绘制机房内物品	1. 教师桌尺寸 2. 教师椅尺寸 3. 学生桌尺寸 4. 学生椅尺寸 5. 计算机尺寸 6. 门尺寸 7. 空调尺寸	1. 教师桌尺寸：1500mm×800mm 2. 教师椅尺寸：450mm×450mm 3. 学生桌尺寸：750mm×560mm 4. 学生椅尺寸：340mm×240mm 5. 计算机尺寸：380mm×265mm 6. 门尺寸：880mm 7. 空调尺寸：800mm×500mm
5	内部块操作	1. 定义块 2. 插入块	1. 定义（插入）块——教师桌正确 2. 定义（插入）块——教师椅正确 3. 定义（插入）块——学生桌正确 4. 定义（插入）块——学生椅正确 5. 定义（插入）块——计算机正确
6	外部块操作	1. 写块 2. 插入（外部）块	1. 定义（插入）块——门正确 2. 定义（插入）块——空调正确
7	摆放机房内物品	1. 位置 2. 高效	1. 位置正确 2. 运用镜像、复制等命令
8	团队合作	小组合作精神	1. 小组成员间协作配合好 2. 小组完成任务效率高
9	职业素养	1. 仪器操作 2. 设备、器材码放	1. 计算机使用操作规范、不使用与课程无关软件 2. 仪器设备及实验室器材码放整齐

任务二　绘制 3 号机房平面图

任务描述

首先调用一张标准的 A4 图纸，然后在图纸上绘制机房中的物品，用块操作命令快速对物品进行布局，完成机房平面图的绘制工作，如图 6-41 所示。

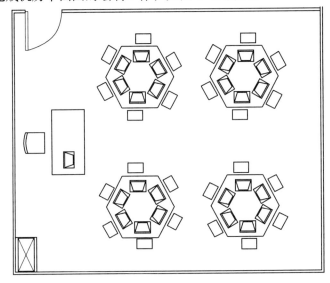

图 6-41　3 号机房平面图

任务分析

本任务要利用正多边形绘制学生桌、块操作命令实现高效绘制图形，利用阵列等修改命令实现桌椅的摆放。

任务实施

活动一　绘制平面图的准备工作

步骤一：新建绘图文件（前面已介绍过）

步骤二：设置图层属性（前面已介绍过）

活动二　绘制 3 号机房墙体

3 号机房墙体如图 6-42 所示。

活动三　绘制 3 号机房内的物品

步骤一：绘制学生桌（见图 6-43）

1）启动正多边形命令。

①在命令行输入 Polygon。

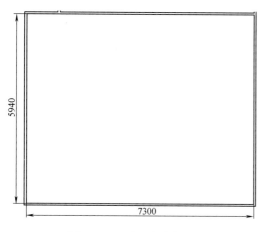

图 6-42　3 号机房墙体

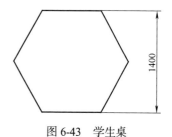

图 6-43　学生桌

② 单击"绘图"→"正多边形"命令。

③ 单击 ⬠ 按钮。

2）命令提示如下。

命令：_ polygon 输入边的数目〈3〉：6

指定正多边形的中心点或［边（E）］：

输入选项［内接于圆（I）/外切于圆（C）］〈I〉：c

指定圆的半径：700

步骤二：绘制其他物品

学生椅、教师桌、教师椅、计算机、空调、门等其他物品与 1 号机房中的尺寸相同（可以运用块操作命令直接插入）。

活动四　摆放 3 号机房内的物品

3 号机房平面图如图 6-44 所示。

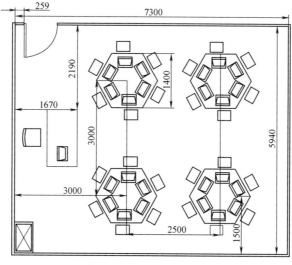

图 6-44　3 号机房平面图

步骤一：利用阵列命令摆放学生椅（见图 6-45）

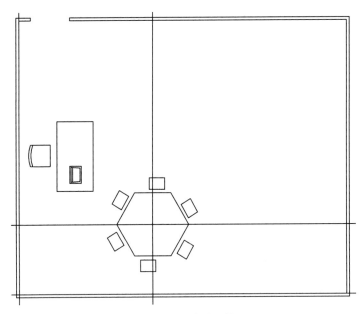

图 6-45　摆放学生椅

1）启动阵列命令。

① 在命令行输入 Array。

② 单击"修改"→"阵列"命令。

③ 单击 ▦ 按钮。

2）选中"环形阵列"单选按钮，单击"选择对象"按钮，如图 6-46 所示。

图 6-46　"阵列"对话框

3）选择对象（学生椅），如图 6-47 所示。

4）选择对象后，按〈Enter〉键，如图 6-48 所示。

5）单击"选择中心点"按钮，如图 6-49 所示。

6）设置项目总数为 6，如图 6-50 所示。

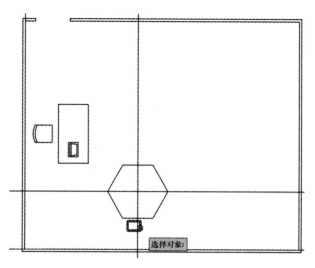

图 6-47　选择对象

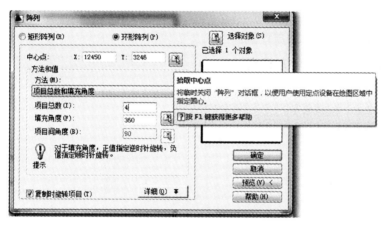

图 6-48　"阵列"对话框

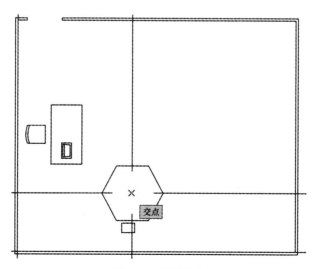

图 6-49　选择交点

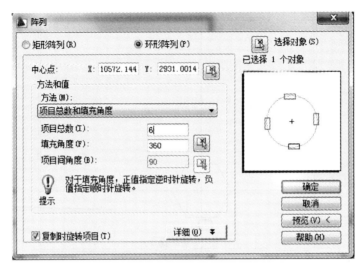

图 6-50 "阵列"对话框

7）单击"确定"按钮。

步骤二：利用阵列命令摆放计算机（方法与步骤一相同）

活动五　利用阵列命令摆放四组环岛

步骤一：启动阵列命令

步骤二：选择"矩形阵列"

单击"选择对象"按钮，如图 6-51 所示。

图 6-51 "阵列"对话框

步骤三：选择对象

选择一组环岛，如图 6-52 所示。

选择对象后，按〈Enter〉键。

步骤四：设置参数

设置行数为 2、列数为 2、行偏移为 3000、列偏移为 3000，单击"确定"按钮，如图
6-53 所示。

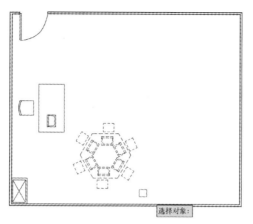

图 6-52　选择对象

图 6-53　"阵列"对话框

任务拓展

运用块操作完成 3 个机房平面图，如图 6-54 所示。

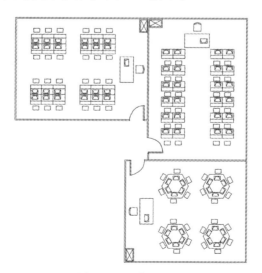

图 6-54　机房平面图

任务评价

绘制 3 号机房平面图评价表，见表 6-2。

表 6-2 绘制 3 号机房平面图评价表

序号	评价要素	评价内容	评价标准
1	CAD 文件建立	1. 文件名 2. 保存位置	1. 文件名：3 号机房平面图 2. 保存位置："绘制机房平面图"项目
2	绘制墙体	1. 多线样式设置 2. 墙体尺寸	1. 双线、比例为 1：20、偏移 3 2. 墙体尺寸为 7300×5940
3	绘制门框	门框尺寸	门框尺寸：880
4	绘制机房内物品	学生桌尺寸	学生桌尺寸：1500
5	内部块操作	1. 定义块 2. 插入块	1. 定义（插入）块——教师桌正确 2. 插入块——教师椅正确 3. 插入块——学生桌正确 4. 插入块——学生椅正确 5. 插入块——计算机正确
6	外部块操作	插入（外部）块	1. 插入块——门正确 2. 插入块——空调正确
7	摆放机房内物品	1. 位置 2. 高效	1. 位置正确 2. 高效：运用阵列、镜像、复制等命令
8	团队合作	小组合作精神	1. 小组成员间协作配合好 2. 小组完成任务效率高
9	职业素养	1. 仪器操作 2. 设备、器材码放	1. 计算机使用操作规范、不使用与课程无关软件 2. 仪器设备及实验室器材码放整齐

项目小结

绘制平面图 → 新建绘图文件 → 复制A4图纸 → 设置图层属性 → 绘制机房墙体

生成 *·dwg 文件 ← 物品布局 ← 插入块 ← 定义块 ← 绘制机房内物品

项目七
绘制连接管件三维图

※ 项目概述 ※

　　计划生产一款连接管件，工程师已设计出草图图样，现需要技术人员根据草图绘制出连接管件三维图。要求绘图环境为三维建模环境，按草图样式绘制三维图，文件格式要生成标准 CAD 文件，并且绘图符合 CAD 制图国家标准（GB/T 14665—2012）。

※ 项目学习目标 ※

　　通过绘制连接管件三维图实现以下目标：
　　1）掌握三维操作的基本方法。
　　2）掌握实体编辑的操作方法。
　　3）能够进行三维建模。
　　4）理解渲染的基本概念。
　　5）能够进行渲染设置。
　　6）能进行简单的三维图样设计。
　　7）通过绘制连接管件三维图，学会查阅资料、自主学习，养成认真、踏实的做事态度。

※ 项目学习导图 ※

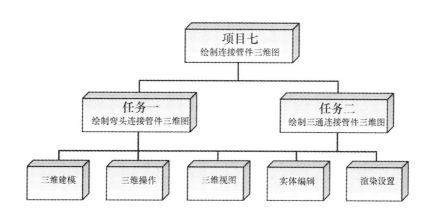

※ 项目实施 ※

任务一　绘制弯头连接管件三维图

任务描述

使用 AutoCAD 2009 绘制出如图 7-1 所示的弯头连接管件三维图，要求在二维经典工作空间里完成平面图形的绘制，参照图 7-1 所标注的尺寸建模。项目文件的名称为"弯头连接管件三维图"，存储在 E 盘的"项目七"文件夹中。

任务分析

本任务要求绘制弯头连接管件三维图，需要通过合并多段线将平面图形整合，通过三维建模、三维操作和实体编辑生成三维图形，最后进行消隐、渲染，完成三维图的绘制。

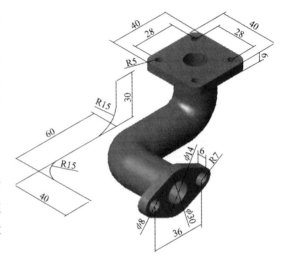

图 7-1　弯头连接管件三维图

知识储备

一、三维绘图常用菜单

三维绘图常用菜单包括三维视图菜单、三维建模菜单、三维操作菜单、实体编辑菜单等。

1. 三维视图菜单

三维视图菜单包括俯视、仰视、左视、右视、前视、后视等 6 种基本视图切换，西南、东南、西北、东北等四种等轴侧视图切换。

2. 三维建模菜单

建模菜单主要用于基本三维实体的建立，将平面图形通过拉伸、旋转、扫掠、放样成三维实体的操作等。

3. 三维操作菜单

相对应于平面绘图，三维绘图也有三维移动、三维旋转、三维镜像和三维阵列等操作。通过这些操作，可以有效地完成实体绘制。

4. 实体编辑菜单

对于三维实体的绘制，还需要通过并集、差集、交集、分割、抽壳等编辑操作，才能使三维实体的绘制满足客户的设计要求。

二、三维绘图常用指令

1）pedit 指令：多段线编辑，可以利用该指令合并连接线段。

2）hide 指令：三维视图以消隐方式显示。

3）sweep 指令：可以通过沿开放或闭合的二维路径扫掠开放或闭合的平面曲线，创建新实体。

三、消隐的概念

在真实感图形绘制过程中，由于投影变换失去了深度信息，往往导致图形的二义性（见图7-2）。要消除这类二义性，就必须在绘制时消除被遮挡的不可见的线或面，称为消隐。

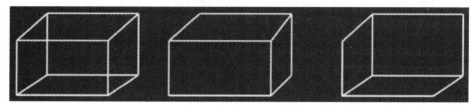

图 7-2　图形的二义性

四、弯头连接管件三维图绘制流程

弯头连接管件的绘制流程包含 8 个具体的绘制步骤，如图 7-3 所示。

1）新建绘图文件。新建一个文件，开始新的绘图。

2）绘制弯头连接件平面图。生成三维图之前，先将平面图绘制出来，以便拉伸操作。

3）切换三维视图。将视图切换至三维图视角，例如：西南等轴测，以便生成三维实体。

4）进行三维操作。通过拉伸、扫掠、三维旋转等操作，完成实体的绘制。

5）对实体进行三维编辑。利用差集、并集等操作，完成实体的编辑。

6）对三维实体进行消隐。将三维实体转换为消隐显示方式，以便于观察图形。

7）三维图检查。合格则继续操作，否则跳到三维编辑步骤重新修改。

8）生成 *.dwg 文件并渲染。生成了标准 CAD 文件后可渲染图形，观察最终效果。

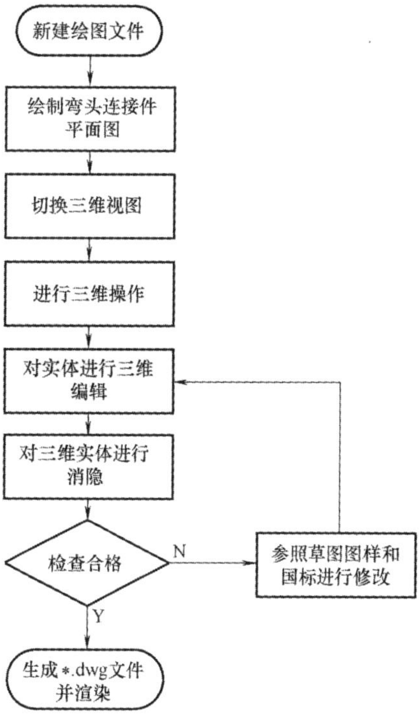

图 7-3　弯头连接管件的绘制流程

任务实施

活动一　绘制弯头连接管件平面图

步骤一：启动软件

步骤二：新建绘图文件（命名为弯头连接管件三维图）

步骤三：绘制弯头连接管件的两个法兰盘（见图7-4）

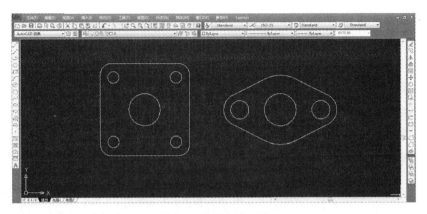

图 7-4　法兰盘平面图

步骤四：合并法兰盘外框的多段线

1）在命令行输入 pedit，按〈Enter〉键，输入 m，按〈Enter〉键，如图 7-5 所示。

图 7-5　pedit 指令

2）选择法兰盘外框的多段线为合并对象，按〈Enter〉键，如图 7-6 所示。

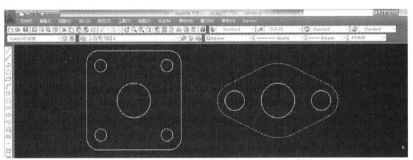

图 7-6　选择合并对象

3）在"是否将直线和圆弧转换为多段线？"里输入 y，按〈Enter〉键，如图 7-7 所示。

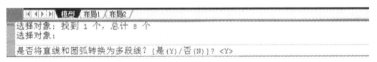

图 7-7　转换选择

4）输入 J，按〈Enter〉键，如图 7-8 所示。

5）连续按〈Enter〉键两次即可完成图形的合并，如图 7-9 所示。

活动二　绘制弯头连接管件的三维图

步骤一：切换三维视图

1）单击"视图"→"三维视图"→"西南等轴测"命令，如图 7-10 所示。

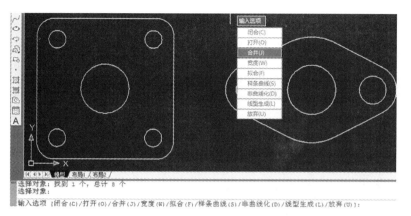

选择对象：找到 1 个，总计 8 个
选择对象：

输入选项 [闭合(C)/打开(O)/合并(J)/宽度(W)/拟合(F)/样条曲线(S)/非曲线化(D)/线型生成(L)/放弃(U)]:

图 7-8 合并指令

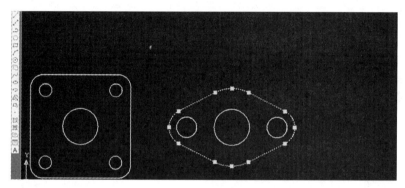

图 7-9 完成的合并图形

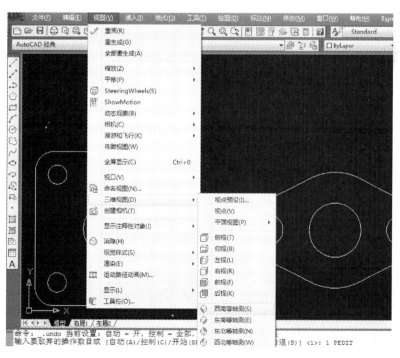

命令：.undo 当前设置：自动 = 开，控制 = 全部，...
输入要放弃的操作数目或 [自动(A)/控制(C)/开始(B)/...退(B)] <1>: 1 PEDIT

图 7-10 视图切换

2）切换完的图形如图 7-11 所示。

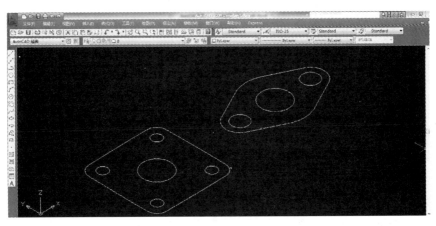

图 7-11　切换完成的图形

步骤二：绘制弯头管道线

1）输入 @0,0,-30，按〈Enter〉键，输入 @-60,0,0，按〈Enter〉键，输入 @0,-40,0，按〈Enter〉键，如图 7-12 所示。

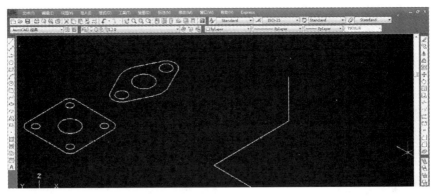

图 7-12　输入三维坐标

2）选择倒圆角工具，倒角半径为 15，如图 7-13 所示。

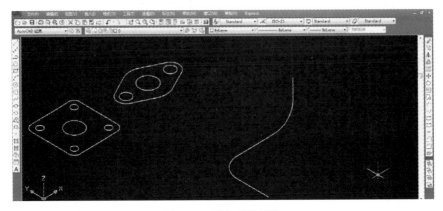

图 7-13　倒角后的线段

3）合并曲线，如图7-14所示。

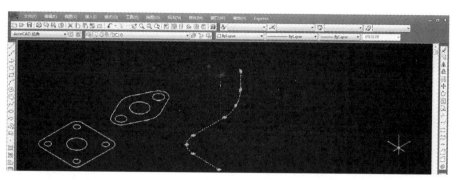

图7-14　合并后的曲线

4）在两端点分别绘制半径为7和12的同心圆，如图7-15所示。

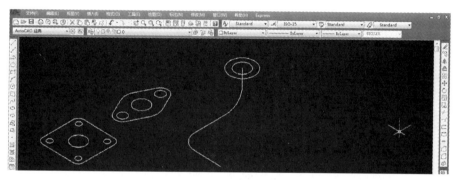

图7-15　绘制同心圆

5）将视图更改为前视，再更改为西南等轴测，绘制另一端的同心圆，如图7-16所示。

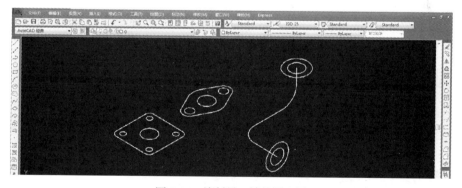

图7-16　绘制另一端的同心圆

步骤三：对弯头管道线进行扫掠

1）单击"绘图"→"建模"→"扫掠"命令，如图7-17所示。

2）选择同心圆为扫掠对象，如图7-18所示。

3）选择曲线为扫掠路径，如图7-19所示。

4）扫掠操作完成的图形如图7-20所示。

5）用同样的操作方法扫掠另一端，效果如图7-21所示。

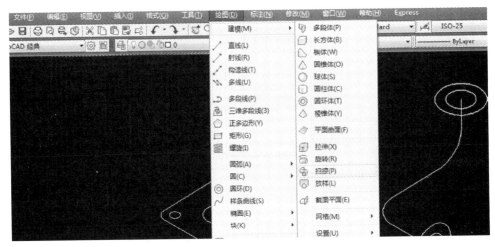

图 7-17　扫掠命令

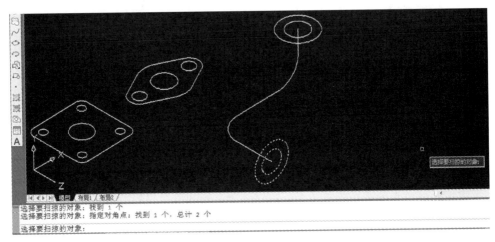

图 7-18　选择扫掠对象

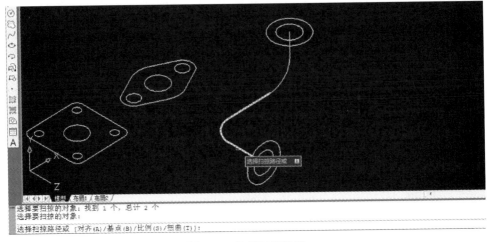

图 7-19　选择扫掠路径

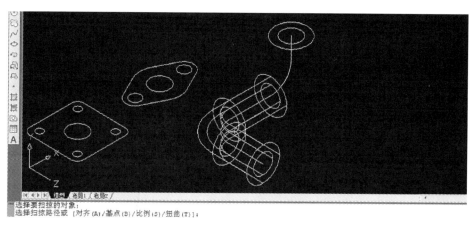

选择要扫掠的对象；
选择扫掠路径或 [对齐(A)/基点(B)/比例(S)/扭曲(T)]：

图 7-20　完成的图形

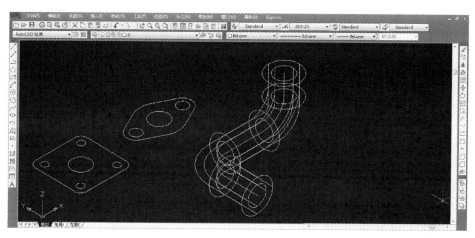

图 7-21　绘制好的管道

步骤四：对两个法兰盘进行拉伸

1）单击"绘图"→"建模"→"拉伸"命令，如图 7-22 所示。

图 7-22　拉伸命令

2）选择方形法兰盘为拉伸对象，如图 7-23 所示。

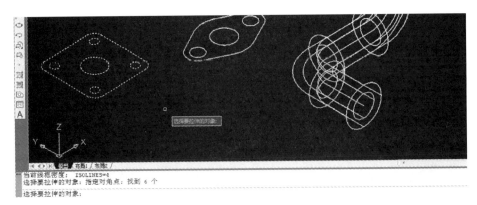

图 7-23　选择拉伸对象

3）输入拉伸高度：6，按〈Enter〉键，如图 7-24 所示。

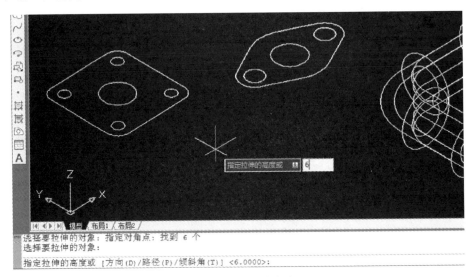

图 7-24　输入拉伸高度

4）拉伸操作完成后的图形如图 7-25 所示。

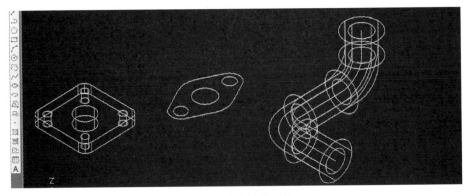

图 7-25　完成拉伸操作

5）用同样的操作方法拉伸另一个法兰盘，效果如图 7-26 所示。

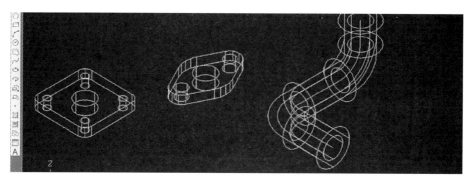

图 7-26　完成的效果图

步骤五：对法兰盘进行三维旋转

1）单击"修改"→"三维操作"→"三维旋转"命令，如图 7-27 所示。

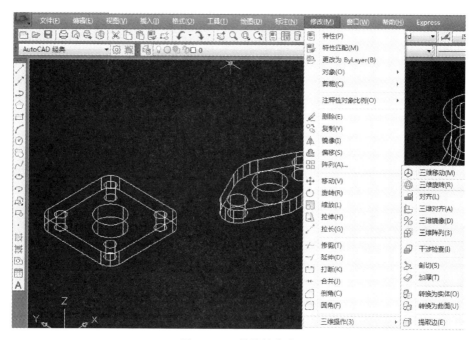

图 7-27　三维旋转命令

2）选择菱形法兰盘为旋转对象，如图 7-28 所示。

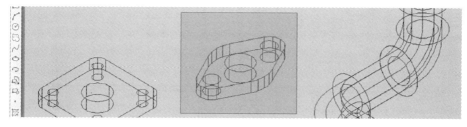

图 7-28　选择旋转对象

3）指定圆心为基点，如图 7-29 所示。

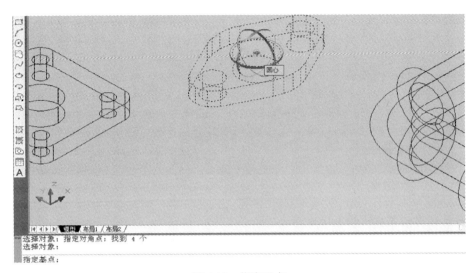

图 7-29　指定基点

4）选择红颜色的圆圈为旋转轴，如图 7-30 所示。

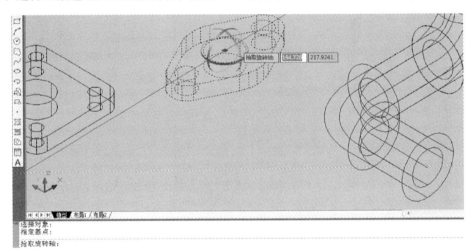

图 7-30　选择旋转轴

5）输入旋转角度：90，按〈Enter〉键，如图 7-31 所示。

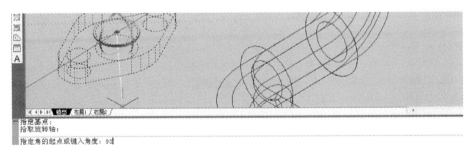

图 7-31　输入旋转角度

6）三维旋转完成后的图形如图 7-32 所示。

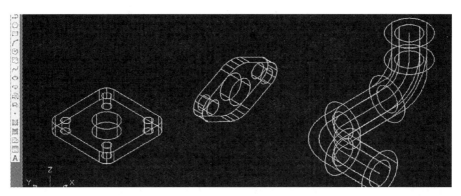

图 7-32　完场旋转的图形

步骤六：对法兰盘进行差集操作

1）单击"修改"→"实体编辑"→"差集"命令，如图 7-33 所示。

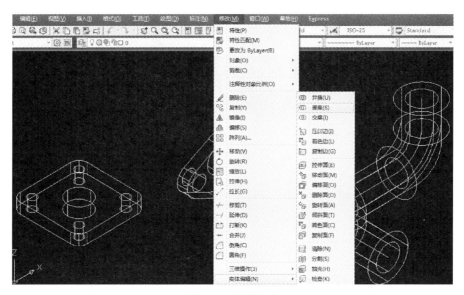

图 7-33　差集命令

2）选择方形法兰盘的外轮廓为差集对象，如图 7-34 所示。

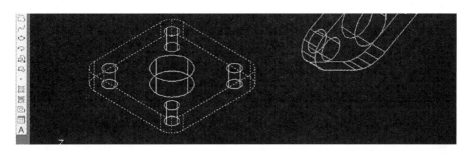

图 7-34　选择差集对象

3）依次选择 5 个圆柱体为要减去的实体，单击鼠标右键，如图 7-35 所示。

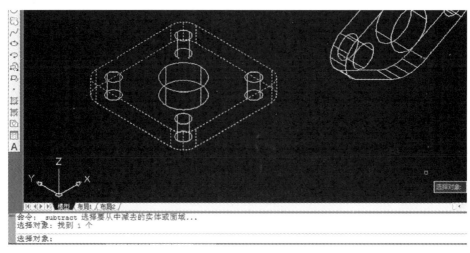

图 7-35　选择减去的实体

4）差集操作完成后的图形如图 7-36 所示。

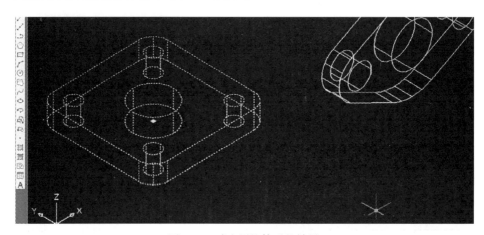

图 7-36　减去圆柱体后的效果

5）用同样的操作方法差集另一个法兰盘，效果如图 7-37 所示。

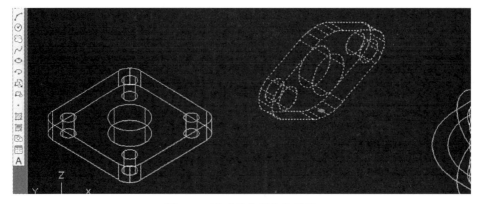

图 7-37　完成差集操作的效果

步骤七：对法兰盘进行移动

1）单击"移动"工具按钮，如图 7-38 所示。

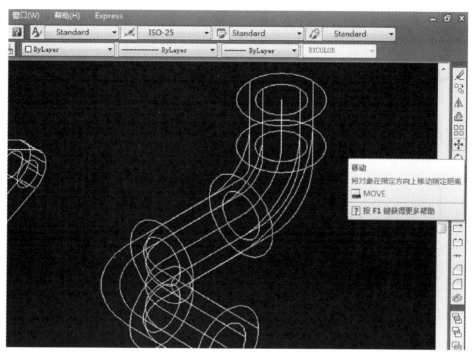

图 7-38 移动工具按钮

2）选中方形法兰盘为移动对象并单击鼠标右键，如图 7-39 所示。

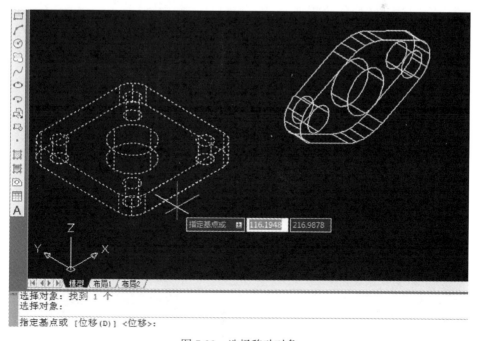

图 7-39 选择移动对象

3）指定下层圆的圆心为基点，如图 7-40 所示。

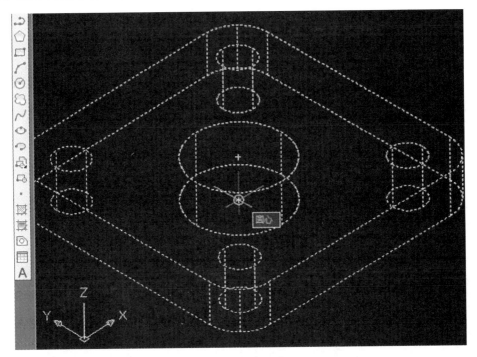

图 7-40　指定基点

4）将方形法兰盘实体放到如图 7-41 所示的位置。

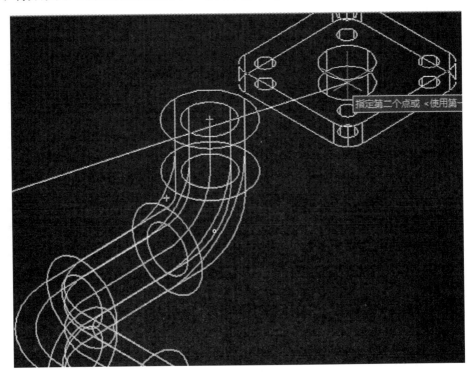

图 7-41　指定移动位置

5）移动后的效果如图 7-42 所示。

6）用类似的方法移动菱形法兰盘，效果如图 7-43 所示。

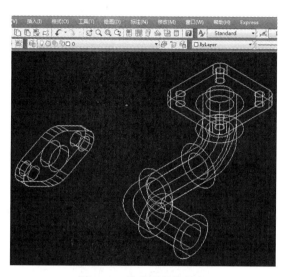

图 7-42　移动后的法兰盘

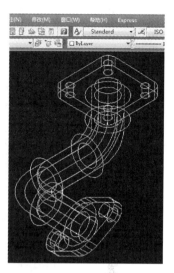

图 7-43　完成的效果图

步骤八：合并所有三维实体

1）单击"修改"→"三维编辑"→"并集"命令，如图 7-44 所示。

2）选择所有实体，单击鼠标右键，效果如图 7-45 所示。

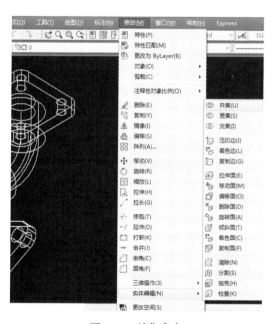

图 7-44　并集命令

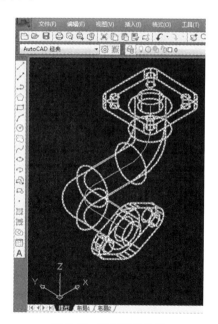

图 7-45　并集后的效果

活动三　消隐渲染弯头连接管件实体

步骤一：消隐三维实体

1）单击"视图"→"消隐"命令，或者在命令行输入 hide 并按〈Enter〉键，如图 7-46 所示。

2）消隐后的效果如图 7-47 所示。

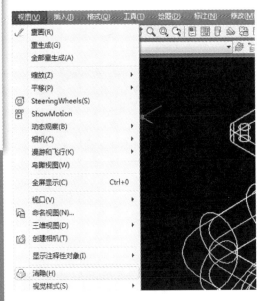

图 7-46　消隐命令

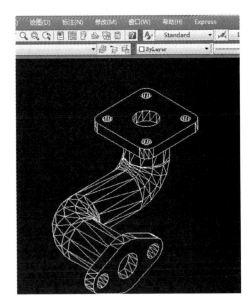

图 7-47　消隐后的效果

步骤二：检查三维实体

结合草图图样和国标检查三维实体，如合格则继续操作，否则跳到三维编辑步骤重新修改，合格后方可继续。

步骤三：保存三维实体

保存已绘制弯头连接管件三维图，生成"弯头连接管件三维图 .dwg"文件，如图 7-48所示。

图 7-48　保存三维图

步骤四：渲染三维实体

1）单击"视图"→"渲染"→"渲染"命令，如图 7-49 所示。

2）渲染后的效果如图 7-50 所示。

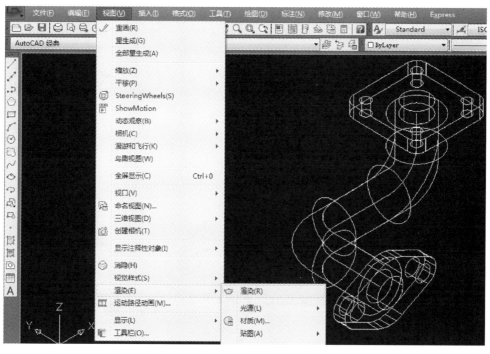

图 7-49 渲染命令

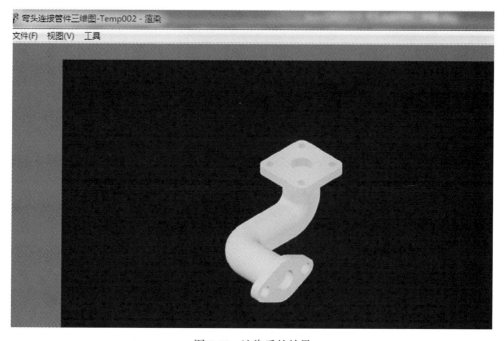

图 7-50 渲染后的效果

知识链接

　　一个物体有 6 个视图：从物体的前面向后面投射所得的视图称主视图（正视图）——能

反映物体的前面形状，从物体的上面向下面投射所得的视图称俯视图——能反映物体的上面形状，从物体的左面向右面投射所得的视图称左视图（侧视图）——能反映物体的左面形状，其他3个视图不是很常用，如图7-51所示。

三视图就是主视图（正视图）、俯视图、左视图（侧视图）的总称。

例如，某品牌小轿车的三视图如图7-52所示。

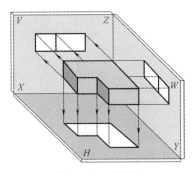

图 7-51　三视图

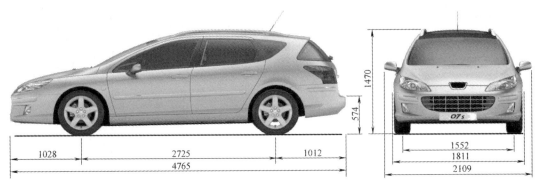

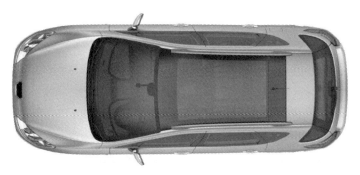

图 7-52　小轿车三视图

任务拓展

1）新建绘图文件，命名为"空心基座三维图"。

2）绘制"空心基座平面图"。

3）绘制"空心基座三维图"。

4）保存在 E 盘的"项目七"文件夹中，如图7-53所示。

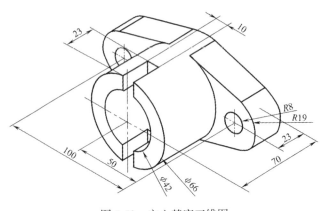

图 7-53　空心基座三维图

任务评价

绘制弯头连接管件三维图评价表，见表 7-1。

表 7-1　绘制弯头连接管件三维图评价表

序号	评价要素	评价内容	评价标准
1	绘图文件的建立	1. 绘图文件名 2. 保存位置	1. 绘图文件名：弯头连接管件三维图 .dwg 2. 保存位置：E 盘的"项目七"文件夹
2	渲染效果	渲染样式	渲染样式：参看图 7-50
3	三维图的绘制	1. 三维图完整度 2. 三维图尺寸 3. 并集效果	1. 三维图完整度：参看图 7-1 2. 三维图尺寸：参看图 7-1 3. 并集效果：鼠标移到实体上呈现整体轮廓
4	职业素养	1. 计算机操作 2. 计算机状态	1. 计算机操作：不使用与课程无关软件 2. 计算机状态：使用后计算机外观无损

任务二　绘制三通连接管件三维图

任务描述

　　使用 AutoCAD 2009 绘制出如图 7-54 所示的三通连接管件三维图，要求在二维经典工作空间里完成平面图形的绘制，参照图 7-54 所标注的尺寸建模。项目文件的名称为"三通连接管件三维图"，存储在 E 盘的"项目七"文件夹中。

任务分析

　　本任务要求绘制三通连接管件三维图，需要通过修改线密度的方法更改观察效果，通过三维建模、三维操作和实体编辑生成三维图形，最后通过对渲染效果进行设置，完成三维图的绘制。

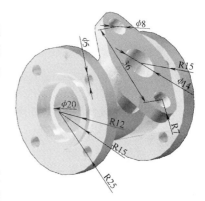

图 7-54　三通连接管件三维图

知识储备

一、三维绘图常用菜单

　　除了任务一中介绍的菜单外，三维绘图常用的菜单还有对象、渲染、视觉样式和动态观察等。

1. 对象菜单

　　对象菜单包括多段线、样条曲线和多重引线等指令。多段线就是在任务一中学到的合并多段线 pedit 指令。

2. 渲染菜单

渲染就是基于三维场景来创建二维图像，包括渲染、光源、材质、贴图、渲染环境和高级渲染设置等操作。

3. 视觉样式菜单

视觉样式菜单主要用于修改三维视图的观察样式，包括二维线框、三维线框、三维隐藏、真实、概念、视觉样式管理器等。

4. 动态观察菜单

当需要观察三维实体的背面时，就要用到动态观察菜单的相关选项，其中包括受约束的动态观察、自由动态观察和连续动态观察等操作。

二、三维绘图常用指令

1）isolines 指令：修改线框显示密度，输入的数越大，则显示线框越密。

2）render 指令：创建三维线框或实体模型的真实感图像或真实着色图像。

三、轮廓线的概念

要表达一个实体，轮廓线的数量将决定着显示效果。isolines 指令用于指定对象上每个面的轮廓线数目。有效设置为 0~2047 的整数。例如，要表达一个球体，轮廓线是多是少，所呈现的效果截然不同，如图 7-55 所示。

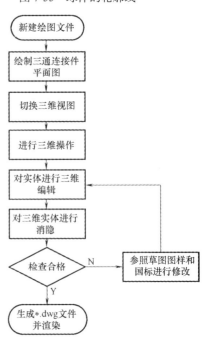

图 7-55　球体的轮廓线

四、三通连接管件三维图绘制流程

三通连接管件的绘制流程包含 8 个具体的绘制步骤，如图 7-56 所示。

1）新建绘图文件。新建一个文件，开始新的绘图。

2）绘制弯头连接件平面图。生成三维图之前，先将平面图绘制出来，以便拉伸操作。

3）切换三维视图。将视图切换至三维图视角（如西南等轴测），以便生成三维实体。

4）进行三维操作。通过三维阵列、三维镜像等操作，完成实体的绘制。

5）对实体进行三维编辑。利用差集、并集等操作，完成实体的编辑。

6）对三维实体进行消隐。将三维实体转换为消隐显示方式，以便于观察图形。

7）三维图检查。合格则继续操作，否则跳到三维编辑步骤重新修改。

8）生成 *.dwg 文件并渲染。生成了标准 CAD 文件后可渲染图形，观察最终效果。

```
新建绘图文件
    ↓
绘制三通连接件
平面图
    ↓
切换三维视图
    ↓
进行三维操作
    ↓
对实体进行三维
编辑  ←──────────┐
    ↓            │
对三维实体进行     │
消隐             │
    ↓            │
检查合格 ──N──→ 参照草图图样和
    │           国标进行修改
    Y
    ↓
生成*.dwg文件
并渲染
```

图 7-56　三通连接管件绘制流程

任务实施

活动一 绘制三通连接管件平面图

步骤一： 启动软件

步骤二： 新建绘图文件（命名为三通连接管件三维图）

步骤三： 绘制三通连接管件的两个法兰盘（见图 7-57）

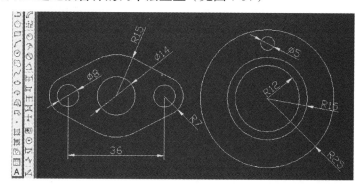

图 7-57 法兰盘绘制

步骤四： 合并法兰盘外框的多段线（图 7-58）

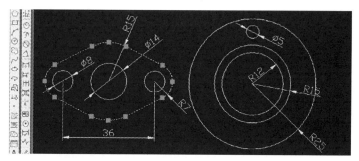

图 7-58 合并后的多段线

活动二 绘制三通连接管件的三维图

步骤一： 切换三维视图

单击"视图"→"三维视图"→"西南等轴测"命令，如图 7-59 所示。

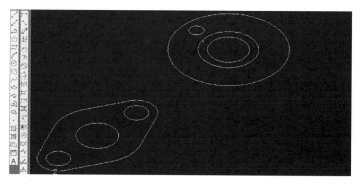

图 7-59 切换视图

步骤二：绘制三通管道实体

1）单击"绘图"→"建模"→"圆柱体"命令，如图 7-60 所示。

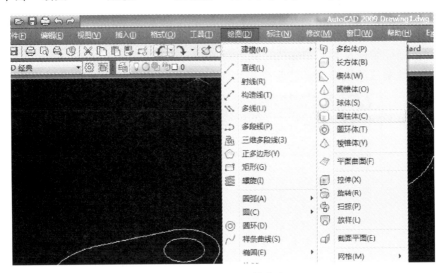

图 7-60　绘制圆柱体命令

2）单击绘图区域，选定中心点，如图 7-61 所示。

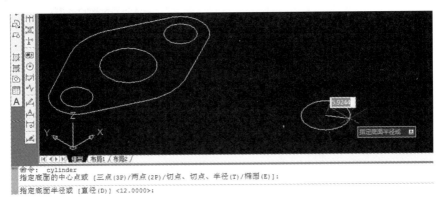

图 7-61　选定中心点

3）输入半径值：7，按〈Enter〉键，如图 7-62 所示。

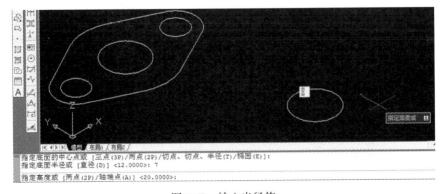

图 7-62　输入半径值

4）输入高度：20，按〈Enter〉键，效果如图 7-63 所示。

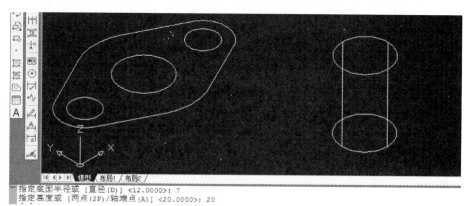

图 7-63　建成的圆柱体

5）单击"绘图"→"建模"→"圆柱体"命令。

6）单击圆柱体底面圆心，选定中心点，如图 7-64 所示。

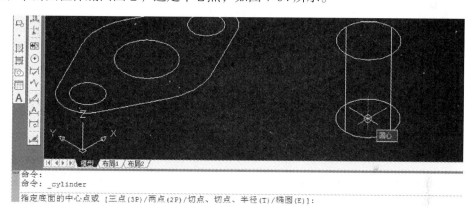

图 7-64　选定圆心

7）输入半径值：12，按〈Enter〉键，如图 7-65 所示。

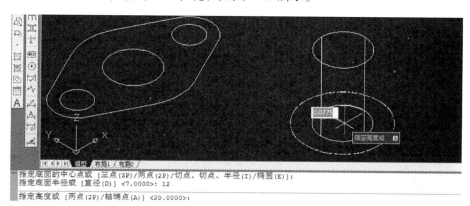

图 7-65　输入底圆半径值

8）输入高度：20，按〈Enter〉键，效果如图 7-66 所示。

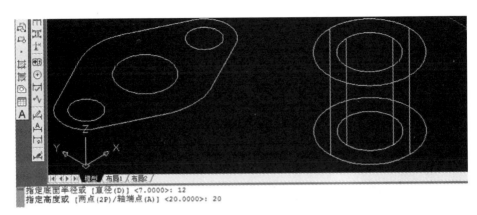

图 7-66　输入高度值

9）用同样的方法绘制一个内径为 10mm、外径为 15mm、高为 40mm 的同心圆柱，效果如图 7-67 所示。

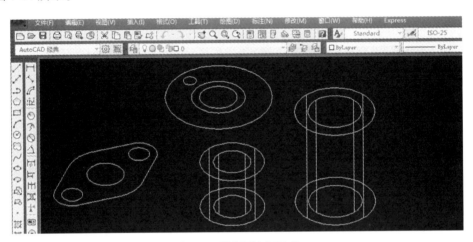

图 7-67　绘制同心圆柱体

步骤三：对两个法兰盘进行拉伸

1）单击"绘图"→"建模"→"拉伸"命令。

2）拉伸菱形法兰盘，高度为 6，效果如图 7-68 所示。

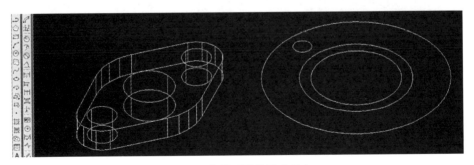

图 7-68　拉伸后的菱形法兰盘

3）拉伸圆形法兰盘的外圆和小圆，高度为 6，效果如图 7-69 所示。

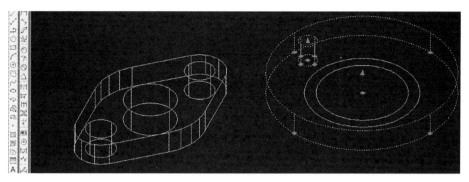

图 7-69　拉伸外圆

4）拉伸圆形法兰盘的两个内圆，高度为 8，效果如图 7-70 所示。

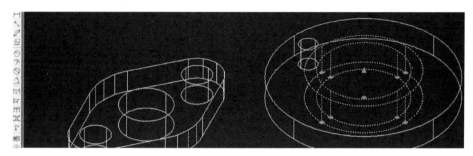

图 7-70　拉伸内圆

步骤四：对圆形法兰盘的通孔进行三维阵列

1）单击"修改"→"三维操作"→"三维阵列"命令，如图 7-71 所示。

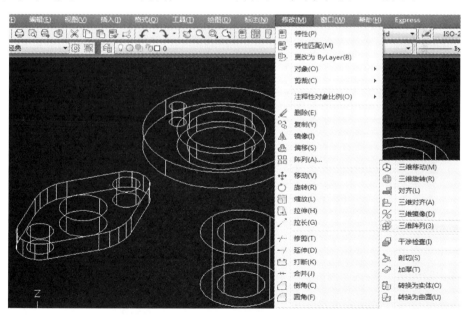

图 7-71　三维阵列命令

2）单击小圆柱体为阵列对象之后，单击鼠标右键，如图 7-72 所示。

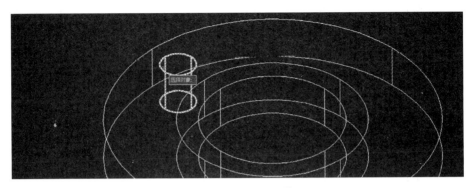

图 7-72 选择小圆柱体

3）在阵列类型里选择"环形"，如图 7-73 所示。

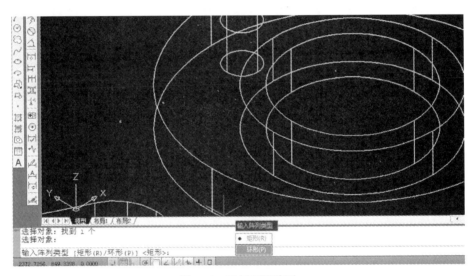

图 7-73 选择环形阵列

4）输入项目数目为 4，按〈Enter〉键，如图 7-74 所示。

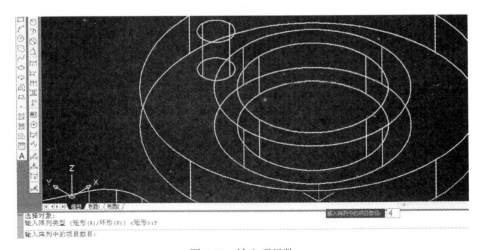

图 7-74 输入项目数

5) 指定要填充的角度：360，按〈Enter〉键，如图 7-75 所示。

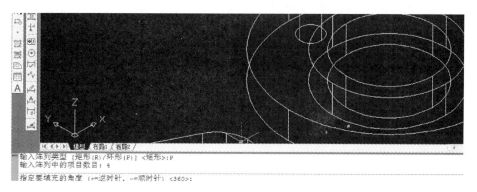

图 7-75　输入填充角度

6) 旋转阵列对象，按〈Enter〉键，如图 7-76 所示。

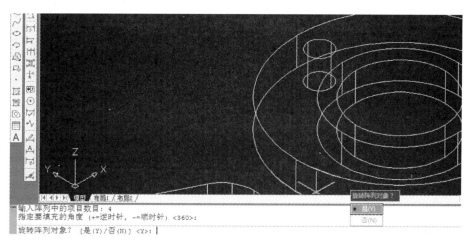

图 7-76　旋转阵列对象

7) 指定阵列的中心点：选择顶面圆心为中心点，如图 7-77 所示。

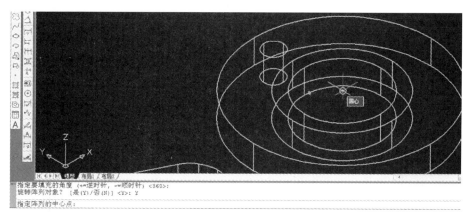

图 7-77　指定阵列中心点

8) 指定旋转轴上的第二点：选择底面圆心为第二点，如图 7-78 所示。

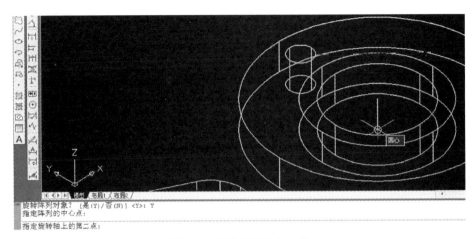

图 7-78　指定旋转轴中心点

9）三维阵列效果如图 7-79 所示。

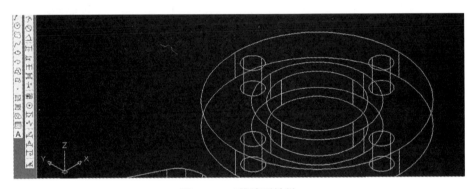

图 7-79　三维阵列效果

步骤五：对部分实体进行三维旋转

1）单击"修改"→"三维操作"→"三维旋转"命令。

2）三维旋转后的效果如图 7-80 所示。

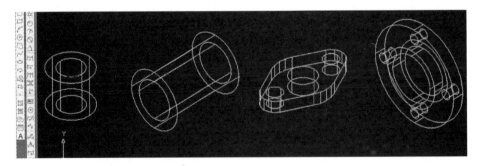

图 7-80　三维旋转效果

步骤六：对所有实体进行差集操作

1）单击"修改"→"实体编辑"→"差集"命令。

2）差集后的效果如图 7-81 所示。

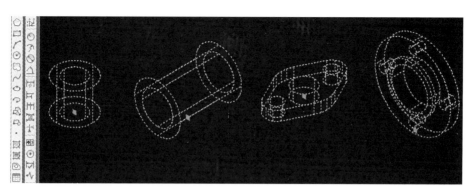

图 7-81　差集后的效果

步骤七：对实体进行移动

1）在内径为 10 的圆柱体内做辅助线，如图 7-82 所示。

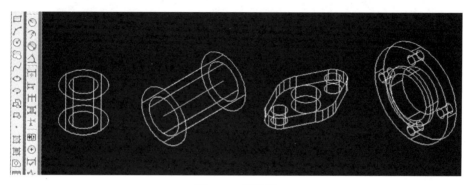

图 7-82　辅助线

2）移动内径 7 的圆柱体到大圆柱体上，如图 7-83 所示。

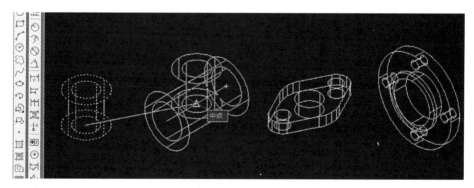

图 7-83　移动实体

3）删掉辅助线，效果如图 7-84 所示。

活动三　消隐三通连接管件实体

步骤一：消隐三维实体

单击"视图"→"消隐"命令，或者在命令行输入 hide，按〈Enter〉键，如图 7-85 所示。

— 209 —

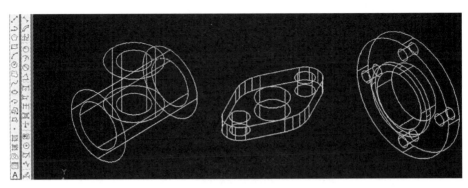

图 7-84　移动后的效果

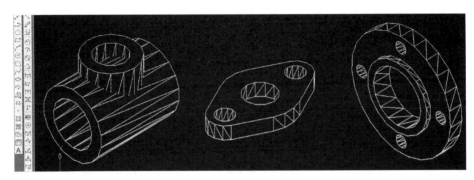

图 7-85　消隐后的图形

步骤二：检查三维实体

结合草图图样和国标检查三维实体，发现三通管件连接处与草图不符，跳回到三维编辑步骤进行修改。

活动四　编辑三通连接管件的三维图

步骤一：取消消隐

单击"视图"→"全部重生成"命令，如图 7-86 所示。

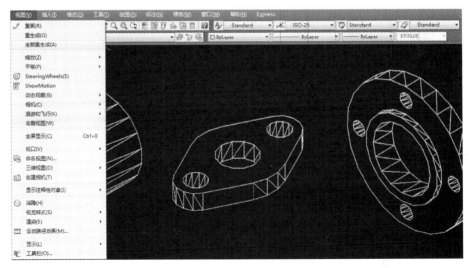

图 7-86　全部重生成后的效果

步骤二：绘制圆柱体

绘制两个半径分别为 7、10，高分别为 20、40 的圆柱实体，如图 7-87 所示。

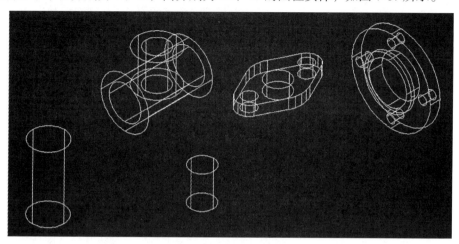

图 7-87　绘制圆柱体

步骤三：修改外轮廓线密度

1）在命令行里输入 isolines，按〈Enter〉键，如图 7-88 所示。

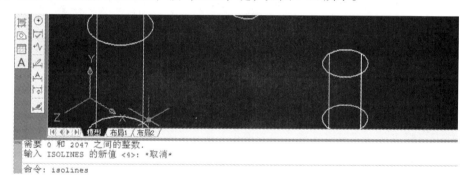

图 7-88　输入素线数目指令

2）在"输入 isolines 的新值"后输入 20，按〈Enter〉键，如图 7-89 所示。

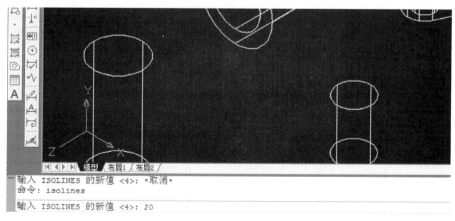

图 7-89　输入新的素线数目

3）单击"视图"→"全部重生成"命令，效果如图 7-90 所示。

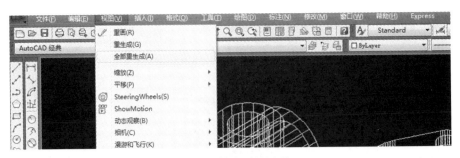

图 7-90　修改后的图形

步骤四：移动小圆柱体到三通管件上（见图 7-91）

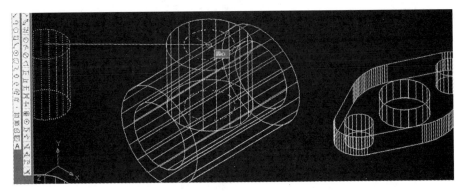

图 7-91　移动后的图形

步骤五：对三通管件进行差集操作

1）单击"修改"→"实体编辑"→"差集"命令。

2）选择三通管件为选择对象，如图 7-92 所示。

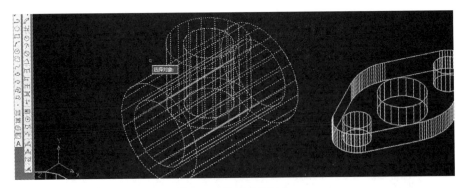

图 7-92　选择差集对象

3）选择小圆柱体为要减去的对象，如图 7-93 所示。

4）单击鼠标右键，效果如图 7-94 所示。

5）旋转大圆柱实体到适当位置，如图 7-95 所示。

6）移动大圆柱体到三通管件上，如图 7-96 所示。

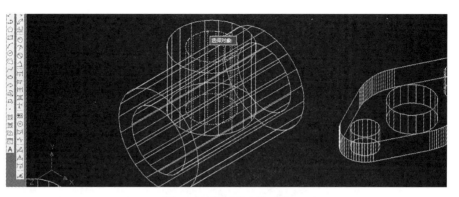

图 7-93　选择减去的对象

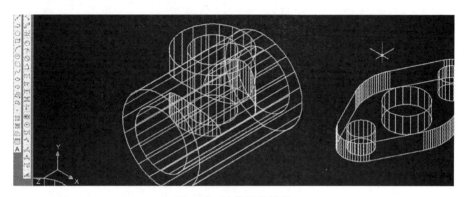

图 7-94　差集后的效果

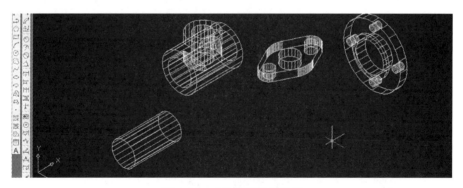

图 7-95　三维旋转后的效果

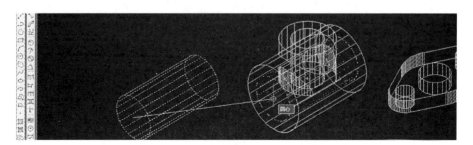

图 7-96　执行三维移动

7）单击"修改"→"实体编辑"→"差集"命令。

8）选择三通管件为选择对象，如图 7-97 所示。

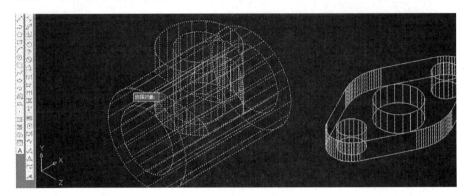

图 7-97　选择差集对象

9）选择大圆柱体为要减去的对象，如图 7-98 所示。

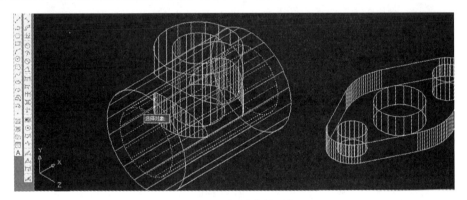

图 7-98　选择减去的对象

10）单击鼠标右键，效果如图 7-99 所示。

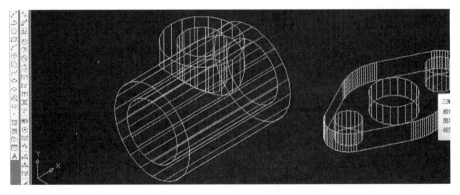

图 7-99　差集后的效果

步骤六：对法兰盘进行三维旋转

1）单击"修改"→"三维操作"→"三维旋转"命令。

2）三维旋转后的效果如图 7-100 所示。

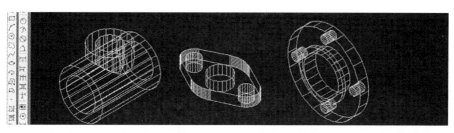

图 7-100　三维旋转后的效果

步骤七：对法兰盘进行移动

1）单击"移动"工具按钮。

2）选中菱形法兰盘为移动对象并单击鼠标右键。

3）指定下层圆的圆心为基点，如图 7-101 所示。

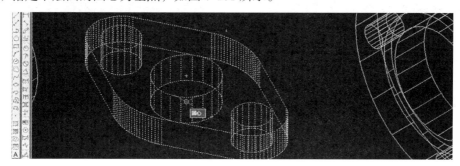

图 7-101　指定移动基点

4）将菱形法兰盘实体放到图 7-102 所示的点上。

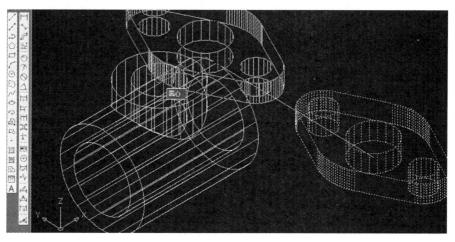

图 7-102　执行三维移动

5）移动后的效果如图 7-103 所示。

6）用类似的方法移动圆形法兰盘，效果如图 7-104 所示。

步骤八：对法兰盘进行三维镜像

1）单击"修改"→"三维操作"→"三维镜像"命令，如图 7-105 所示。

2）选择圆形法兰盘为镜像对象，然后单击鼠标右键，如图 7-106 所示。

— 215 —

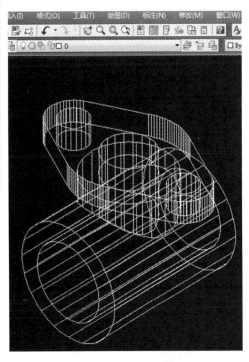

图 7-103　移动后的效果

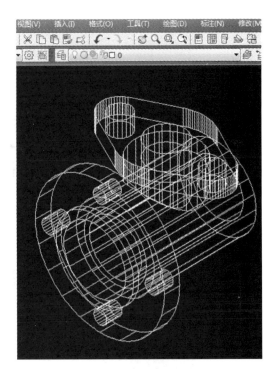

图 7-104　移动法兰盘的效果

图 7-105　"三维镜像"命令

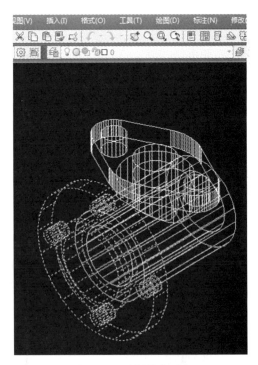

图 7-106　选择镜像对象

3）选择菱形法兰盘顶面圆心为镜像面第一点，如图 7-107 所示。

4）选择菱形法兰盘底面圆心为镜像面第二点，如图 7-108 所示。

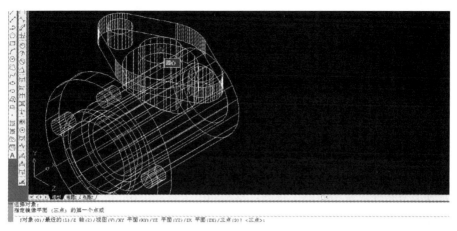

图 7-107　指定镜像面第一点

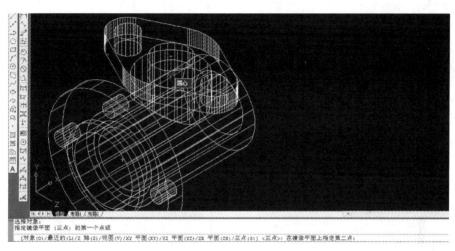

图 7-108　指定镜像面第二点

5）选择菱形法兰盘边缘中点为镜像面第三点，如图 7-109 所示。

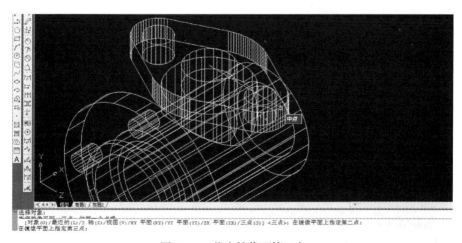

图 7-109　指定镜像面第三点

6）是否删除源对象：按〈Enter〉键，如图 7-110 所示。

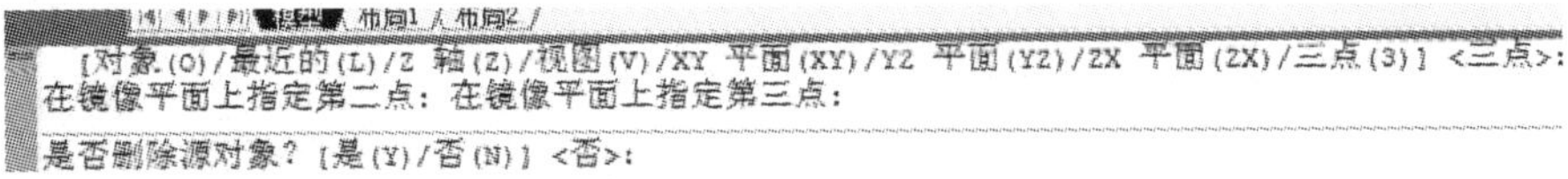

```
图 图 图 图 接料 布局1 布局2
[对象.(O)/最近的 (L)/Z 轴(Z)/视图 (V)/XY 平面(XY)/YZ 平面(YZ)/ZX 平面(ZX)/三点(3)] <三点>:
在镜像平面上指定第二点: 在镜像平面上指定第三点:
是否删除源对象? [是(Y)/否(N)] <否>:
```

图 7-110　选择是否删除源对象

7）三维镜像后的效果如图 7-111 所示。

步骤九：合并所有三维实体

1）单击"修改"→"三维编辑"→"并集"命令。

2）选择所有实体，并单击鼠标右键，效果如图 7-112 所示。

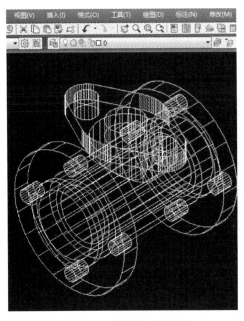

图 7-111　三维镜像后的效果

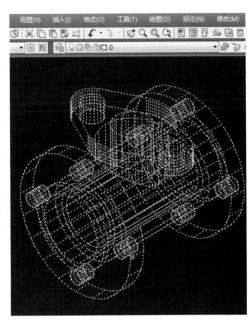

图 7-112　并集所有实体

活动五　消隐渲染三通连接管件实体

步骤一：消隐三维实体

1）单击"视图"→"消隐"命令，或者在命令行输入 hide，按〈Enter〉键。

2）消隐后的效果如图 7-113 所示。

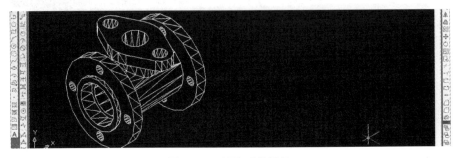

图 7-113　消隐后的效果

步骤二：检查三维实体

结合草图图样和国标检查三维实体，如合格则继续操作，否则跳到三维编辑步骤重新修改，合格后方可继续。

步骤三：保存三维实体

保存已绘制三通连接管件三维图，生成"三通连接管件三维图.dwg"文件，如图7-114所示。

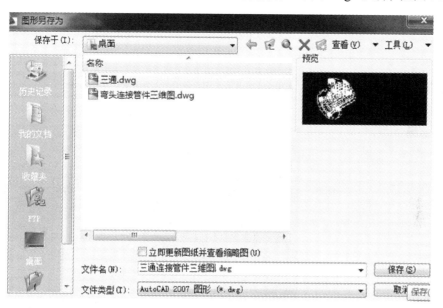

图 7-114　保存文件

步骤四：渲染三维实体

1）单击"视图"→"渲染"→"渲染"命令。

2）渲染后的效果，如图7-115所示。

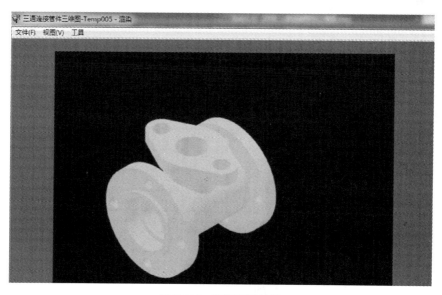

图 7-115　渲染后的效果

知识链接

渲染材质是可以设置的。为三维图添加材质，并渲染图形的具体步骤如下：

1）在已绘制好三维图形的情况下，单击"视图"→"渲染"→"材质"命令，弹出"材质"选项板。

2）样例几何体选择"圆柱体"，材质类型设置为"真实金属"。

3）颜色可设置为"黄色"，自发光可设置为"50"，反光度可设置为"80"，如图 7-116 所示。

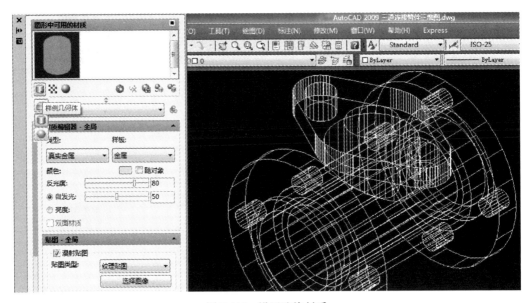

图 7-116　设置渲染材质

4）关闭"材质"选项板，渲染后的效果如图 7-117 所示。

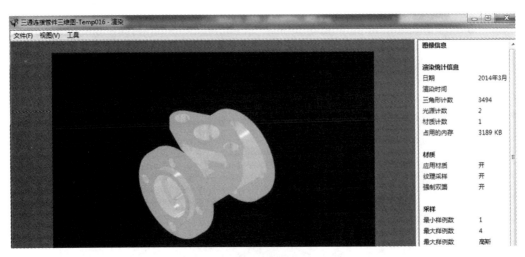

图 7-117　渲染后的效果

任务拓展

1）新建绘图文件，命名为"板条连接件三维图"。

2）绘制"板条连接件平面图"。

3）绘制"板条连接件三维图"。

4）保存在 E 盘的"项目七"文件夹中，如图 7-118 所示。

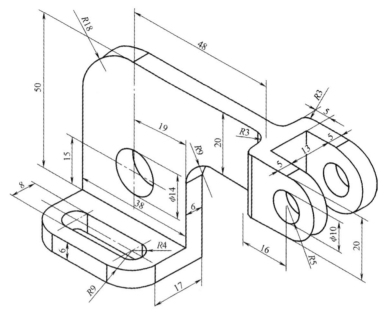

图 7-118 板条连接件三维图

任务评价

绘制三通连接管件三维图评价表，见表 7-2。

表 7-2 绘制三通连接管件三维图评价表

序号	评价要素	评价内容	评价标准
1	绘图文件的建立	1. 绘图文件名 2. 保存位置	1. 绘图文件名：三通连接管件三维图 .dwg 2. 保存位置：E 盘的"项目七"文件夹
2	渲染效果	渲染样式	渲染样式：参看图 7-115
3	三维图的绘制	1. 三维图完整度 2. 三维图尺寸 3. 并集效果	1. 三维图完整度：参看图 7-54 2. 三维图尺寸：参看图 7-54 3. 并集效果：鼠标移到实体上呈现整体轮廓
4	职业素养	1. 计算机操作 2. 计算机状态	1. 计算机操作：不使用与课程无关软件 2. 计算机状态：使用后计算机外观无损

※ 项目小结 ※

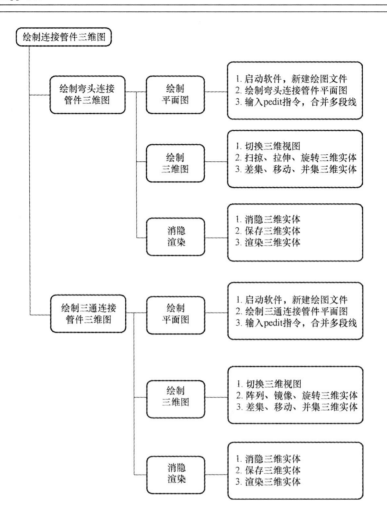

绘制连接管件三维图

绘制弯头连接管件三维图
- 绘制平面图
  1. 启动软件，新建绘图文件
  2. 绘制弯头连接管件平面图
  3. 输入pedit指令，合并多段线
- 绘制三维图
  1. 切换三维视图
  2. 扫掠、拉伸、旋转三维实体
  3. 差集、移动、并集三维实体
- 消隐渲染
  1. 消隐三维实体
  2. 保存三维实体
  3. 渲染三维实体

绘制三通连接管件三维图
- 绘制平面图
  1. 启动软件，新建绘图文件
  2. 绘制三通连接管件平面图
  3. 输入pedit指令，合并多段线
- 绘制三维图
  1. 切换三维视图
  2. 阵列、镜像、旋转三维实体
  3. 差集、移动、并集三维实体
- 消隐渲染
  1. 消隐三维实体
  2. 保存三维实体
  3. 渲染三维实体

参 考 文 献

［1］ 程荣庭. AutoCAD 2009 中文版应用基础［M］. 合肥：中国科学技术大学出版社，2012.

［2］ 刘瑞新. AutoCAD 2009 中文版建筑制图［M］. 北京：机械工业出版社，2008.

［3］ 田绪东. AutoCAD 2009 机械制图实用教程［M］. 北京：电子工业出版社，2013.

［4］ 杨立辉. AutoCAD 2009 机械设计入门到精通［M］. 北京：机械工业出版社，2009.

参考文献